国を守る責任

自衛隊元最高幹部は語る

折木良一
Oriki Ryoichi

PHP新書

はじめに

二〇一二年一月に退官するまでの約三年間、私は統合幕僚長（統幕長）の任にありました。統幕長とは陸海空自衛官の最高位、いわゆる制服組のトップです。

いま考えても奇妙な偶然ですが、自衛隊の前身である警察予備隊が誕生した一九五〇年、私はこの世に生を享《う》けました。占領下の一九五〇年六月に朝鮮戦争が勃発すると、在日米軍は朝鮮半島への全部隊出動を決定。アメリカは米軍を支援させるために日本の非武装方針を転換し、GHQ（連合国軍最高司令官総司令部）を通じ、再軍備を要求します。憲法第九条を盾に吉田茂首相がそれを拒んだことから、GHQは国内の治安悪化を理由として警察力の増強を指示し、八月に警察予備隊が創設。私が生まれた数カ月後の出来事でした。警察予備隊は二年後に保安隊へと改組され、一九五四年の陸海空自衛隊発足へと至ります。

そして防衛大学校を卒業した一九七二年から、四十年に及ぶ私の陸上自衛官としての人生が始まりました。当時は米ソ冷戦の真っただ中。ご存じの方は多くないかもしれませんが、平たくいえば、陸上自衛隊は職種別の専門職採用です。卒業前に大砲を扱う野戦特科を自らの職種に決め、北海道の部隊に赴任。当時は一つの部隊勤務が長く、中隊長までは千歳の部隊に八年間、勤めました。

その後、企業でいえば〝本社機能〟を担う陸上幕僚監部や全国各地での指揮官などの勤務を経験しました。二〇〇三年に始まったイラク戦争では、翌年一月から自衛隊のイラク復興支援のための活動が開始され、陸幕副長としてサマーワ派遣部隊を視察し、現地の厳しい状況を目の当たりにしました。

二〇〇九年に統幕長に就任した直後には、北朝鮮による弾道ミサイル発射に対処し、二〇一一年三月に起こった東日本大震災の災害派遣では、自衛隊初の陸海空の統合部隊を編成。米軍の「トモダチ作戦」と連携した被災地での救助活動を中央で支える一方、原発事故対応では、統幕長としてヘリコプター放水などの決断もありました。海外の活動では、ソマリア沖の海賊対処やハイチＰＫＯ（国連平和維持活動）派遣などに携わりました。自衛官を退官したあとにも、野田政権、第二次安倍政権で防衛大臣補佐官（現・政策参与）などを務め、現在も防衛・安全保障にかかわる仕事をマイペースで続けています。

国防一筋のキャリアで自衛官のトップだったというと、小さいころから国を守る強い意志があって自衛隊に入隊したのだろう、と思われますが、防衛大学校に入るまでは国防について真剣に考えたことすらない、ごく普通の熊本の高校生でした。防大に進学したのは進路を決めなければならない高校三年生の夏、防大の広報活動の一環として四歳年上の先輩が来校して学校の説明をしてくれたこと、たまたま担任の先生が陸軍士官学校の出身で、防大を薦めてくれたこと。この二つの縁がきっかけだったというのが、正直なところです。

あくまで仮定の話ですが、もし最初から高い志をもって国防の道に進んでいたなら、国民の自衛隊をみるまなざしなど、理想と現実とのギャップによって、逆に途中で挫《くじ》けていたかもしれません。

この数年で、国民の自衛隊に対する印象はずいぶん改善しました。内閣府による二〇一五年三月の「自衛隊・防衛問題に関する世論調査」によると、自衛隊に対して「良い印象」をもつ人の割合は過去最高の九二・二%、最低だった一九七二年の五八・九%と比べて三〇%以上も上がっています。自衛官の職にこの身を捧げてきた者として、これほど誇らしいことはありません。

これまた偶然の一致ですが、私が陸上自衛隊に入隊した一九七二年の好感度が最低だったことには、理由があります。その年に起こったのは、日本赤軍によるあさま山荘事件と沖縄の施政権返還。あさま山荘事件に対処したのは警察の機動隊で、沖縄返還前に住民と騒動になったのは米軍でした。自衛隊がかかわっていたわけではありませんが、軍事的な出来事を目にする機会が多くなると、なぜか好感度の下がる時代でした。戦争の惨禍を経験し、戦後教育によって軍事・軍隊アレルギーが増した結果なのかもしれません。

その後、二〇〇九年の調査を境として、二〇一二年、二〇一五年とその好感度はかつてなく高い数字に達します。尖閣諸島や竹島で領土をめぐる問題が表面化し、危機意識が触発されたこと、さらには東日本大震災において決死の覚悟で救出にあたる自衛隊の姿をみて、国民の方々が信頼を置いてくださった部分が大きいのでしょう。

その一方、わが国ではいまだ安全保障に関する議論が成熟しきっていない、と感じざるをえないところもあります。戦後日本は基本的にアメリカ追随以外の選択肢がほぼなかったがゆえ、国民はもちろん、国家の指導層までが安全保障を考える力、いや、その前段階の安全保障について考える習慣、それを議論する際に必要となる情報を収集・分析して情勢判断する方法論さえ忘れてしまった、ということは否めないでしょう。

しかし冷戦時代に比べても、世界の安全保障情勢は大変動しています。世界規模の全面戦争の危険が遠のいたにもかかわらず、国益、民族益、宗教益などをめぐって争いが起こるリスクは一気に増加し、テクノロジーの発達がそれに拍車をかけました。

そうした変化をどこまで、国民の方々は感じ取っているでしょうか。集団的自衛権や平和安全法制に関する国会審議、それを報じるメディア、一部の人たちの議論を見聞きするにつれ、なんともやるせない気持ちになりました。なぜあれほど聡明な日本人がこと安全保障に関しては、誤解を恐れずにいえば稚拙ともいえる議論しかできないのか、と。いうまでもなく、戦後七十年間享受してきた「平和」を今後も謳歌し、確固たるものにしていくには、世界情勢や、脅威をもたらす「相手側からみた視点」を踏まえた議論が条件となります。そこで感情論に基づく議論は平和に近づく変化を生み出さないばかりか、他国を利することにしかなりません。ましてや「軍国主義化」の議論に至っては、これほどまでにわれわれが命を賭して続けてきた活動が理解されていないのか、という空しさすら覚えました。

現職にあったときにもできるかぎり、記者会見などで情報発信には努めてきたつもりですが、それでもこうした現状を招いた責任は、トップを務めた自らにあるのではないか、という思いがつのり、やむにやまれぬ思いで筆をとることにしたのです。

本書では、冷戦時代から退官まで自衛官として体験してきたこと、その体験を通じて得た知見を踏まえながら、いま日本を取り囲む世界の状況はどうなっているのか、そのなかで私が日本の安全保障を担保するため、どのような視点を抱いていたのか、さらには日本の防衛力を高めるためにできること、日米の理想的な関係などについても、できるだけ具体的にお伝えしたいと思います。

もちろん、そこで私の語ることが絶対的な解であるわけでもありません。ただ、それがある意味では戦後七十年のあいだ、特殊な状況に置かれたわが国の安全保障観を相対化する糧《かて》となり、読者や国民の方々が正しい情報を踏まえたうえで自らの頭で考え、「国家の自立」への道を歩むためのよすがになるならば……。自らの思いを少しでも伝えよう、と思った判断が正しいものであったことを、願わずにはいられません。

国を守る責任——自衛隊元最高幹部は語る

目次

第1章　わが国を取り巻く安全保障情勢の現在地

第2章

中国がいまほんとうに考えていること

第3章

軍事的視点から読み解く極東のパワーバランス

第4章 進化しつづける自衛隊の使命は何か

第5章 日本の戦略構築に不可欠な「アメリカ研究」

終章　戦後七十年、「真の自立」へと歩を進めよ

第 1 章

わが国を取り巻く安全保障情勢の現在地

「恐怖の均衡」下で安定していた冷戦時代

安全保障に目覚めてほしいとはいっても、いまの日本がどういう文脈に置かれているのかがわからなければ、なかなか難しいところがあるかもしれません。まずは現在の世界、日本、そして自衛隊がどのような流れのなかで現在地に立っているのか、というところから話を始めてみたいと思います。

私の自衛官人生は、前半の「昭和・冷戦」と後半の「平成・冷戦後」の時代に分かれています。前半と後半では、自衛隊の思考も、行動・交流範囲も、役割も、大きく変化しました。ベルリンの壁が崩壊した一九八九年十一月、その翌月に地中海のマルタで米ソ首脳会談が開かれ、冷戦の終結を宣言。その二年後にソ連が崩壊します。二十年間、ひたすら「冷戦」を考えて任務に励んできた私からすると、まことにあっけない幕切れでした。

冷戦時代はソ連極東軍の北海道侵攻を想定し、侵攻してきたソ連軍を地の利を活かしてできるだけ遠くで持久し、米軍の来援を待って撃破するという態勢を整えていましたが、北方を重視していたため、北海道には陸自だけで五万人が駐屯し、新型装備も優先的に導入されました。

まだソ連がアフガニスタンに侵攻する前のデタント（緊張緩和）期だった一九七六年には、ベトナム戦争終結前で、ソ連のミグ－25戦闘機が函館空港に着陸し、パイロットがアメリカへの亡命を求める事件が起きるなど、緊張感のある時代でした。

ソ連の北海道侵攻は、アメリカを直接攻撃するために潜水艦部隊を太平洋に進出させるのが一つの目的です。オホーツク海から直接、米本土まで核弾道ミサイルが届かない時代には、日本の警戒網を突破して太平洋に出る必要がありました。その後、直接核弾道ミサイルが届くようにもなりましたが、その場合もアメリカの潜水艦がオホーツク海に侵入できないよう、オホーツク海をソ連の聖域にする必要があったのです。

聖域化を阻止するためには、宗谷海峡、津軽海峡、対馬海峡を確保しなければなりません。宗谷海峡の片側はソ連が実効支配する南樺太なので、ソ連は宗谷岬に上陸して、まず宗谷海峡の航行を確保するというシナリオが想定されました。

陸自は一九八一年に決定された「中期防衛力整備計画」で、それまでの方針を転換し、ソ連軍の上陸を阻止する洋上・水際撃破能力などの強化による着上陸侵攻対処能力の向上、それに伴った装備の転換・近代化を図ります。私は一九八七年に名寄《なよろ》の部隊に配置され、大隊長として冷戦終結の前後を見届けることになりました。

名寄は日本最北端の実働部隊が所在する駐屯地ですから、まさに最前線の部隊。雪の日も、夏の日も、演習場で陣地を構えて敵に砲弾を撃ち込む射撃訓練を繰り返していました。

冷戦時代とは、どちらのイデオロギーが普遍的かを競争する米ソ二極体制ですから、米ソ両国の各陣営内に対する抑えが効いていました。陣営の枠を越えた相互依存関係も密ではなく、とくに生産性の低い東側諸国は、ソ連の支援に頼るしかなかったのです。主要国の戦争は核戦争へとエスカレートする確率が高かったので、国家間の大規模戦争は回避されましたし、些細《ささい》な誤解や誤算が偶発的な戦争に発展しないためのホットラインの仕組みも機能していました。

武力と核抑止の「恐怖の均衡」のもとではありましたが、そこにはある種の安定感があったと思います。

もちろん、朝鮮戦争やベトナム戦争といった戦争はありましたが、局地限定紛争のほとんどは東西両陣営の境界で起きていました。自衛隊の役割も、結果としては「平時の抑止力」でしたが、その背景として日本の防衛力整備、部隊の教育訓練があり、そして確固たる日米同盟が存在していた、ということがいえるでしょう。

湾岸戦争は最後の「国家同士の戦争」だった

冷戦の終結は何をもたらしたのか。それまで抑え込まれていた民族主義や宗教、人種を火種とした問題が一気に表面化したのです。それが顕著だったのは、ソ連が崩壊した東側陣営。普遍的なイデオロギーというアイデンティティの拠り所を失い、以前のようなソ連からの支援も期待できない。自国の拠り所を民族、宗教などに求めるとなれば、異なる民族、宗教、人種の火種が、独立・分離をめざす地域紛争や内戦に発展しても不思議ではないでしょう。国内に経済格差を抱えているとなれば、なおさらです。

火種はすぐ、世界の火薬庫と呼ばれるバルカン半島の民族主義に火をつけました。多民族国家のユーゴスラビア社会主義連邦共和国は、一九九二年にスロベニアとクロアチア両共和国の独立をEC（ヨーロッパ共同体）が承認したことで崩壊しました。一九九一年のソ連、一九九三年のチェコスロバキアと、連邦制を敷く社会主義国が相次いで解体したのです。

チェコスロバキアはもともと国内の行政区分でチェコとスロバキアに分かれていて、その区分に沿って分離しました。また武力紛争に発展した旧ユーゴスラビアでさえ、旧ユーゴ連邦内の「共和国」という区分に沿って、共和国が分離しただけです。国境線が新たに引き直されることはありませんでした。

しかし冷戦終結の翌年には、国連憲章と戦後秩序の根本をなす「武力で国境線を変更しない」という、国際社会のコンセンサスが破られてしまいます。イラクのクウェート侵攻です。

一九九〇年八月二日、サダム・フセイン率いるイラクは、一〇万の兵力で突然クウェートに侵攻。国連の不承認決議を無視し、一方的に併合を宣言しました。アメリカはクウェート侵攻を受け、ただちに国連安全保障理事会の開催を要求。安保理はイラクの即時無条件撤退を要求するなど、相次いで決議を採択、成立させます。米ソは一致して拒否権を行使せず、決議に賛成票を投じつづけました。冷戦時代にはなかった国際協調の光景でした。

そして国連に授権された多国籍軍が米軍を中心に組織され、サウジアラビアに集結しました。米軍五〇万を中核とする多国籍軍およそ一〇〇万は、一九九一年一月十七日、「砂漠の嵐」作戦を決行し、湾岸戦争の火蓋が切って落とされます。延べ一千時間の空爆によって、多国籍軍は制空権を握りました。イラクの重要施設をピンポイント爆撃する様子は、テレビ映像として世界に報道されます。史上初の「テレビでみられる戦争」でした。

湾岸戦争でバグダッド上空を照らすイラクの対空砲（写真提供：ロイター＝共同）

そのころ、私は防衛庁（現・防衛省）防衛研究所で安全保障を学んでいて、湾岸戦争を客観的に分析する機会に偶然、恵まれました。湾岸戦争は、一方は多国籍軍とはいえ総司令官をはじめ中核は米軍という、国家対国家の大戦争。第二次世界大戦とも、ベトナム戦争のゲリラ戦とも様相の違う戦い方でした。湾岸戦争はハイテクノロジーの戦争と呼ばれ、ステルス戦闘機や巡航ミサイルなどの最新兵器、高度情報システムや精密誘導兵器といったハイテク装備の有効性が証明され、ネットワーク中心の戦い（NCW＝Network-Centric Warfare）となりました。

多国籍軍は、地上戦突入から百時間でイラクを撃破。湾岸戦争は事実上、終結します。この戦争で米軍は、ベトナム戦争で失った威信を取り戻します。

そして、それ以降の戦争はテロとの戦いや内戦が主体となり、国家対国家の大戦争は発生していません。

現在の世界情勢、不安定要因からして国家対国家の大戦争は当分ないと思いますが、当時はまだ冷戦後の世界情勢の不安定性から、まだまだ大規模な国家間戦争に備えなければ……という発想を強くもっていました。

日本の名誉を回復したペルシャ湾への掃海艇派遣

日本経済にとって中東の石油は死活的に重要で、資源小国・日本の「命綱」です。それにもかかわらず、日本はその湾岸戦争を自国の問題としてはとらえませんでした。資金提供のほか、ブッシュ（父）大統領からは船での物資の輸送支援を要請されましたが、日本はアメリカ主導の多国籍軍に自衛隊を派遣できなかったのです。日本は自衛隊を派遣する法的枠組みもなく、政府は民間船舶、航空機による対応を検討したものの、民間側は消極的でした。代わりに一三〇億ドル（約一兆五〇〇〇億円）もの資金拠出を行ない、国債発行と増税で資金を賄《まかな》いました。

しかし、のちにクウェート政府がアメリカなど三〇カ国に謝意を表する広告を米紙『ワシントン・ポスト』などに掲載した際、そこに日本の国名はありませんでした。日本の支援策は当時の大蔵省と外務省主導で行なわれ、防衛庁はほぼ蚊帳《かや》の外に置かれていたと聞いています。当時NHKのワシントン支局長だった手嶋龍一氏は『外交敗戦　130億ドルは砂に消えた』(新潮文庫)のなかで、大蔵省と外務省がお互いの情報を共有せず、政府の方針を迷走させた内幕を明らかにしています。安全保障に関する情報の一元化、意思決定の責任の明確化は、冷戦終結直後からの課題なのです。

わが国の名誉を回復したのは、自衛隊創隊以来初の実任務としての海外派遣となったペルシャ湾での掃海艇派遣部隊でした。湾岸戦争終了後の一九九一年四月、政府は当時の自衛隊法の枠内で、「戦闘終了後の機雷掃海は可能である」として、海上自衛隊の掃海艇部隊のペルシャ湾派遣を決断しました。

派遣された掃海艇は、二〇ミリ機関砲一門という軽武装の木造船六隻。ペルシャ湾掃海艇部隊は停戦後の四月二十六日にそれぞれの母港を出港し、各地に寄港しながら一カ月と一日かけてようやく現場に到着します。「湾岸の夜明け作戦」を振り返る落合畯《たおさ》指揮官の手記には、「ペルシャ湾の湾岸諸国では、『湾岸の復興に貢献してくれた国に感謝する』ということで、背中に湾岸の復興に貢献した各国の国旗が描かれたTシャツが売られていた。約30カ国から派遣された各国艦艇の乗組員たちは上陸するときに、自国の国旗が描かれたTシャツを着て繁華街を闊歩していた。しかしすでに130億ドル（約1兆5千億円）を支払っていた我が国の『日の丸』は残念ながら描かれていなかった」と書かれています。

ところが日本の掃海艇が掃海作業を始めたことが現地で報道されると、そのTシャツのマークに各国の国旗と並んで、日の丸が入れられるようになったそうです。

また、ともにペルシャ湾で掃海作業を行なう各国の指揮官と幕僚が集まる作戦会議後の懇親会の席で、あるとき日本の国際貢献が話題になり、「自国のエネルギー源の70％をここ中東から得ている日本のタンカーを守るために何故アメリカやその他の国の若者が血を流さなければならないのか」などと批判された落合指揮官は、「日本人だって130億ドル、つまり日本国民一人が1万円ずつ払って立派に国際貢献しているんだ」と言い返しますが、「一人1万円か、ニアリー・イコール百ドルだな。百ドルさえ払えばペルシャ湾にこなくていいのであれば、俺は今ここで百ドルはらってやるよ」と反論され、返す言葉もなかった。悔し紛れに「カティシャークの水割りをがぶ飲みしていた」といいます。

一方、湾岸各国の在留邦人たちからは行く先々で大歓迎されました。在留邦人たちは湾岸危機でたいへんな苦労をしただけでなく、戦争終了後も湾岸国の復興に物心両面で積極的に貢献していました。それにもかかわらず、日本政府の対応は遅れがちで万全とはいえず、現地の人からの感謝の言葉もなく、肩身の狭い思いをしていたのです。自衛隊の目にみえる貢献によって、その雰囲気が一変しました。

掃海部隊は酷暑のなか、ペルシャ湾の難所といわれる海域で、アメリカ、イギリスなどから派遣された九カ国、約四〇隻の掃海艦艇と共同し、イラクが敷設した一二〇〇個の機雷を約四カ月半で処分して、航行の安全回復に大きく貢献しました。半年にわたる厳しい海外任務で一人の死傷者も出さなかったことも、各国の海軍を驚かせました。

一九九一年八月から、私は大阪で隊員の募集を任務としていました。落合指揮官から自身の経験を踏まえて「資金提供のみの協力と、実際、現地に来て作業に参加する協力との効果の差をつくづく思い知らされた」という話を聞き、自衛隊の海外任務、人的国際貢献に意識が向くようになりました。私が〝冷戦仕様〟ともいえる「昭和の自衛官」から「平成の自衛官」になる転機であったと思います。

翌一九九二年、自衛隊の国連平和維持活動への部分的な参加を認める「国際平和（ＰＫＯ）協力法」が成立。この法律に基づき、内戦終了後の国連カンボジア暫定統治機構（ＵＮＴＡ

C）による平和維持活動に、史上初めて自衛隊の部隊が派遣されました。

今後、自衛隊の海外派遣が増えることは十分予想できました。本人は納得していても、家族には抵抗があって当然だろうとも内心感じていました。これは隊員募集にも関係してくるデリケートな問題でした。カンボジア派遣の説明のために親御さんとの会合に行くと、「どうしてうちの息子がカンボジアに行かなきゃならないんだ？」とストレートに問い詰められることもありました。「まあ、そんなにいわなくても」という方もいましたが、批判的な意見が多かったことは確かです。

「歴史の終わり」か、それとも「文明の衝突」か

冷戦終結後、人類の争いが終わり、平和な時代が到来すると考える人もいたと思います。ソ連の解体によってアメリカは世界の一極としての位置を確立し、冷戦を勝利に導いたアメリカ型の民主主義と自由経済（資本主義）を世界に波及させるグローバリゼーションに注力します。もはや共産主義のイデオロギーを信じる人はおらず、世界はグローバリゼーションの価値観を是として受け入れていきます。

しかも現代の情報技術の発展、交通機関の発達は、ヒト、モノ、カネの国境を越える移動を容易にしました。これにより相互依存関係が高まれば、一般的には戦争で得られるものよりも失うものが大きくなるので、地域紛争を抑止する効果も期待できるという考え方も出てきます。

こうしたアメリカの戦略に影響を与えた思想の一つが、アメリカの政治経済学者であるフランシス・フクヤマ氏が一九八九年に提示した「歴史の終わり?」という仮説(のちに著書『歴史の終わり』として出版、三笠書房)ではないでしょうか。フクヤマ氏はソ連の崩壊によって民主主義と自由経済が最終的に勝利したことで「歴史は終わった」と考え、リベラルな民主主義が定着した政治体制下では、平和と自由が続くと予測しました。私の印象ではクリントン政権時代は「自由経済」を重視し、ブッシュ(子)政権時代は「民主主義」を重視していたように感じられます。

しかしグローバリゼーションの推進は、先進国の富裕層や一部の新興国に富をもたらす半面、世界の格差と貧困を拡大させ、反米感情を高める結果を招きました。そこで世界の安全保障に「対テロ戦争」という要因が加わることになるのです。

冷戦終結・東側陣営の崩壊で、民族主義、宗教、人種の問題が表面化し、イデオロギーに代わる国家のアイデンティティを求めて内戦や独立紛争が激化しましたが、そこで独立しても国家運営はいばらの道。社会主義圏の非効率なシステムを維持し、経済支援に頼ってきた国家には、アメリカが進める民主化・市場経済化のグローバリゼーション下で勝ち抜くだけの国力が不足していたからです。さらに急激な社会システムの変更は、国民生活に大きな痛みを与えました。ユーゴスラビアの相次ぐ内戦では、数百万人単位の難民が発生したといわれています。

そもそも南北格差は第二次世界大戦後の旧植民地諸国の独立から冷戦終結に至るまで、解決をみない問題です。グローバリゼーションで先行する国と同じ土俵で戦えば、格差をいっそう拡大させてしまう可能性が高い。国民生活を窮地に追い込み、国家の統治能力はさらに低下し、最後は国家破綻。破綻国家は守るべき国そのものがなく、これ以上失うものがないので、抑止が効きません。

一九九六年の論考をもとにまとめた『文明の衝突』（集英社）の著者である国際政治学者のサミュエル・P・ハンチントン氏は、冷戦終結後の世界を教え子のフクヤマ氏とは別の視点で説明しました。同書は『歴史の終わり』に対する反論として執筆されたもので、冷戦終結でイデオロギーや経済をめぐる対立は終わり、文明を異にする国々（文明圏）が新たな対立の可能性を生み出す、と主張します。今後の戦争は「文明の断層（フォルトライン）」で起きるだろう、と述べ、とくに冷戦終結後の世界の脅威として、人口が急激に増えているイスラム文明と経済成長が著しい中国文明を挙げました。

アフガンやイラクで「過去のツケ」を払う先進国

アメリカの一極構造が確立してから十年。ハンチントン氏が予見したイスラム文明と西欧文明の衝突は、想定外のかたちで現実となりました。テロ組織アルカイダが起こした二〇〇一年九月十一日の同時多発テロです。世界の安全保障における脅威は再び転換します。「強力なテロ組織」という不安定要素が現れ、「対テロ戦争」が国家の備えるべき有事になったのです。

九・一一同時多発テロは、テロ組織が戦争レベルの破壊行為を実行しうることを証明しました。と同時に、対処の難しさも浮き彫りにしました。国家と非対称のテロ組織には懲罰的抑止力が効きません。ある組織を壊滅できたとしても、人を替え、場所を変えて生き残る、アメーバのような組織なのです。

アメリカは、テロの首謀者であるオサマ・ビンラディンの引き渡しを拒否したという理由でアフガニスタンに侵攻。タリバン政権を放逐しましたが、ビンラディンを捕らえることはなかなかできません。さらに二〇〇三年には「大量破壊兵器の開発」を理由にイラクに侵攻し、サダム・フセイン政権を崩壊させます。その後、大量破壊兵器開発の証拠はなかったことが判明するのは、ご存じのとおりです。

先制攻撃で二つの政権を倒したアメリカですが、対テロ戦争はいまも継続中です。主要な敵は「アルカイダ」から「イスラム国（ＩＳ）」へと移りました。

テロ組織そのものを根絶はできませんが、テロの土壌を潰すことで発生を抑えることは可能です。その意味で、対テロ戦争における最大の「不安定要素」は、先に述べた破綻国家の存在でしょう。統治能力のない国、統治能力が低下している国が増大しているからこそ、そこに力の空白が生まれ、テロ組織が入り込む隙間が生まれる。中東はまさにその例です。

民族主義的な内戦とグローバリゼーションによる破綻国家は、二〇〇〇年代にも数多くありましたが、おしなべて、力をもてないほど疲弊していました。ところが近年になって、〝力をもった破綻国家〟が出てきました。

先進国が自国の利益のために政府対反政府の戦いで一方を支援したり、武器を供与したりしているうち、支援されていた側が力をつけて刃向かってくる。あるいは自分たちの都合でさんざん武力介入してから収拾がつかないと判断し、突然、撤退する。そこに武器が残れば、勝手に使われることもあるでしょう。先進国にとっては「過去のツケ」を払っているような状態です。

アフガニスタンとイラクがまさにその例です。アフガニスタンは東のパキスタン、西のイラン、北の中国、中央アジア三国（トルクメニスタン・ウズベキスタン・タジキスタン）と接する「東西文明の十字路」という地政学的要衝のため、他民族からの侵攻や他国からの干渉を長年、受けてきました。二十世紀の歴史だけをみても、一九一九年に独立を果たして王政を復活させましたが、一九七三年にクーデターで共和制に移行。再度クーデターを起こして一九七八年に社会主義政権を樹立すると、反体制派の抵抗を受けて政情不安に陥ります。そして翌一九七九年に勢力拡大を狙ったソ連が軍事介入。このことが、デタント終焉《しゅうえん》につながります。

ソ連の侵攻に反対する世界中のイスラム義勇兵（ムジャヒディーン）が集まってきて、ゲリラ戦で抵抗しつづけました。当然、西側諸国はイスラム義勇兵を支援していました。ソ連が一九八九年にアフガニスタンから撤退すると、主導権争いをめぐって内戦が勃発。内戦状態のアフガニスタンでイスラム回帰を掲げて台頭、一時、国土のほとんどを支配したのがタリバンだったのです。東西の大国に翻弄されて国家破綻に直面した人たちが、イスラムに共感したのもわかる気がしませんか。

イラクについていえば、そもそも一九八〇年から始まったイラン・イラク戦争のとき、アメリカがサダム・フセインを支援していたのは周知の事実です。その後、湾岸戦争、イラク戦争を経て、米英軍がフセイン政権を倒して占領するまではうまくいく可能性が残っていたのかもしれません。しかし結局のところ、アメリカ寄りの政権は統治能力が低く、混乱を招いただけでした。とりあえず制圧すればなんとかなる、というアメリカの統治戦略が甘かったのが一因でしょう。たしかにフセイン政権は独裁の軍事政権でクルド人を弾圧したかもしれませんが、少なくとも統治能力は高く、大多数のイラク国民は普通に生活していたのですから。

西欧先進国、とりわけアメリカが対テロ戦争で支払った代償は大きなものでした。九・一一同時多発テロの報復として出兵したアフガニスタンとイラクでアメリカは泥沼にはまります。戦争継続による財政負担と金融危機が経済を失速させ、国民のなかには厭戦《えんせん》気分が蔓延し、世界の一極構造はいま、内外ともに厳しい局面に立たされています。

中国の覇権主義への抑止が効かない理由

アメリカ一極支配構造の揺らぎそのものが、世界情勢を再び大きく変化させていきます。グローバリゼーションを勝ち抜いた新興国の経済発展による多極化と、東アジア（日中韓＋ＡＳＥＡＮ〈東南アジア諸国連合〉）への世界の政治・経済の重心が移るパワー・シフトです。このダイナミックな「力の変動」を牽引《けんいん》しているのが、二〇一〇年にＧＤＰ（国内総生産）で日本を抜いて世界第二位の経済大国となった中国。その一方、中国の台頭は東アジアの安全保障にとって、最大の不安定要因となっています。

約十年間で四倍にもなった高い国防費の伸びを背景に、十分な透明性を欠いたなか、中国は二〇一二年に就役した中国初の空母「遼寧」をはじめ、とくに海空軍力を急速に強化・近代化しています。尖閣諸島付近の領海侵入と領空侵犯を繰り返すなど、わが国の周辺海空域における活動もとどまるところを知りません。二〇一三年十一月には東シナ海で独自の「防空識別圏」を設定し、公海上空の飛行の自由を妨げる動きをみせました。南シナ海では、中国が領有権を主張する「九段線（ナインドット・ライン）」に適用されると思われる海域での

「漁業許可制」の義務づけを発表しました。

南シナ海のスプラトリー（南沙《なんさ》）諸島にあるファイアリークロス（永暑）礁では、軍港施設の建設に続いて、三〇〇〇メートル級の滑走路建設を進めていることが衛星写真で明らかになっています。また、フィリピンがスプラトリー諸島で実効支配するパグアサ島から約二八キロ離れたスービ（渚碧）礁でも、埋め立て後に滑走路を建設できる規模の陸地が造成されていることが判明しています。

二〇一四年五月には、一方的にパラセル（西沙《せいさ》）諸島付近で中国企業が石油採掘に着手し、反対するベトナム艦船三〇隻と中国艦船八〇隻が海上で対峙しました。中国の脅威については次章で詳述しましょう。

こうした中国の覇権主義は、国家主権と国家主権が直接衝突する前時代的な不安定要因です。互いに統治能力のある国家対国家の構図ですから、本来は対抗する動きが出て抑止力が働くはずですが、必ずしもそうなってはいません。理由はいくつかあります。

一つは東アジアという地域の特徴である「多様性」です。この地域には朝鮮半島や台湾に軍事的緊張を伴う冷戦構造が残り、また島嶼《とうしょ》国家が多いことから複数の領土問題が潜在的・顕在的に存在しています。民族、宗教、政治・経済体制、国家としての成熟度などの「多様性」に富み、それぞれが紛争の要因となりうる地域といえるのです。そのため東アジアには地域を包括する安全保障の枠組みが存在せず、アメリカと日本、韓国、フィリピン、タイなどが結ぶ二国間の軍事同盟を中心に、対中抑止のネットワークとして機能させてきました。ただ、一国の軍事力や二国間だけの同盟のみでは対抗できないので、完全には抑えきれないという状況が続いています。

加えて、中国との経済的な相互依存関係も一因です。「中国の覇権は嫌だけれど、経済的な実利はほしい」ということで、中国市場を失うような事態は避けたいという本音もあると思います。さらには、抑止力の要《かなめ》であるアメリカの対処の甘さも考えられるでしょう。中国に対してわれわれ東アジアの国が感じる脅威と、遠く離れたアメリカが感じる脅威にはかなりの差があります。アメリカは目の前の脅威、将来の脅威の両方で危機感が足りないと私には思えてなりません。アメリカの中国観については、第5章で詳述します。

高坂正堯氏が語った「三つの体系」とは

国力が急激に増大する中国の行動が、周囲の国々や国際社会との摩擦を生む。歴史の教訓からして、当然の結果ともいえます。明治維新後の近代国家日本、国民国家成立後のドイツ、第一次世界大戦後のナチス・ドイツ、第二次世界大戦後のソ連もそうでした。

中国の経済成長がいつまで続くのかは、以下のサイクルを経るまでというのが定説でしょう。つまり、農業中心の伝統経済からスタートして、軽工業から重工業へと移り、次いで大衆耐久消費財の時代に移行する。この間、経済は人口の増加と相まって急速に成長し、国の経済規模は拡大の一途をたどります。そして大衆消費社会の時代をピークに経済は成熟期を迎え、低成長の時代に突入するという流れです。一方、「社会主義市場経済」型の中国にはたしてこの流れが適用されるのか、それがわかるにはもう少し時間が必要なようです。

中国の国家体制が現行制度のまま続かない可能性もありますし、仮に国家体制が維持されるにせよ、長い目でみれば衰退は避けられません。このことは中国の指導部も理解しているはずですから、その前に大国として、確固たる地位・資産を築いて低成長の時代を生き抜く。うまく切り抜けられれば、次の成長のサイクルに入る時代が来るかもしれません。むしろ、この機を逃すと広大な領土のインフラ基盤の整備は二度とできない。中国の立場で考えれば、摩擦があろうが「やるならいましかない」ということではないでしょうか。

私が二十代のころに読んだ高坂正堯《こうさかまさたか》氏の『国際政治 恐怖と希望』(中公新書)は、平和的な国家の条件として「平和な国家は、その独立を守るだけの力を持っていなくてはならないが、その軍備によって国家が軍国主義化されていてはならないし、その軍備を十分に規制することができなくてはならない。経済的に言えば、他国に支配されざるをえない国家も、他国を支配しなければならない国家も、ともに平和な国家ではない。そして、国家の権力は制約されていなければならず、言論の自由の欠如、多数の専制、ある理念への狂信などは、国家権力の制約をいちじるしく困難にするものとしてしりぞけられなくてはならない」という行動指針を示しました。一九六六年の発行から読み継がれている名著であり、私にとっては安全保障についての考えを養う糧になった本です。

なかでもとくに印象深い一節があります。「各国家は、力の体系であり、利益の体系であり、そして価値の体系である。したがって、国家間の関係はこの三つのレベルの関係がからみあった複雑な関係である。国家間の平和の問題を困難なものとしているのは、それがこの三つのレベルの複合物だということなのである。しかし、昔から平和について論ずるとき、人びとはその一つのレベルだけに目をそそいできた」というものです。

自戒を込めてのことですが、中国の脅威を語るとき、どうしてもパワー（軍事力）の部分ばかりに目がいきがちです。しかし軍備増強を可能にしているのは経済力であり、軍事費の増額を決めているのは共産党指導部という権力（価値の体系）。国家権力の核心的利益とは何かを考えることで、中国の経済政策や脅威の本質を類推できます。三つの体系は国家間の関係はもちろん、一国の意図を読み解く際にも役立ちます。

安全保障と不安定要因との関連でいえば、中国の軍事的台頭は東アジア諸国に一方的な不利益を与えるゼロサム・ゲームである半面、中国の経済的台頭は自他国の双方がメリットを得ることもありうる「敗者なきゲーム」です。そして同時並行で進む二つのゲームはトレードオフの関係に近いものの、脅威から遠い国ほど経済面でのゲームから降りる必然性は薄れます。二〇一五年三月、ＥＵ（欧州連合）諸国が中国主導のＡＩＩＢ（アジアインフラ投資銀行）に相次いで、駆け込み参加を決めました。直接の脅威を感じない国は、ギリギリまで様子をみて最後にビジネスの機会を逃したくないと判断したのでしょう。

アメリカの戦略は「リバランス」ではなく「ピボット」

一方、アメリカ一極集中の終焉ともいわれる影響力の低下は、いわゆる「西側諸国」自身にも変化をもたらしつつあります。

東西冷戦の主戦場は、NATO（北大西洋条約機構）とワルシャワ条約機構が対峙する欧州正面でした。冷戦終結を受け、NATOは「平和の配当」を手にすべく、その目的を変質させます。一九九〇年に発表した「ロンドン宣言」で、ワルシャワ条約機構への敵視を放棄したのです。仮想敵を失ったワルシャワ条約機構は翌年のソ連崩壊で解体しました。民主化によって成立した東欧諸国が加盟したNATOは、「北大西洋」地域の制約も取り払います。国連とOSCE（欧州安全保障協力機構）のもと、民族紛争やテロなどに対する平和維持のための軍事行動を行なう軍事同盟へと姿を変えたのです。

冷戦に勝利したNATO軍は、バルカン半島のボスニア・ヘルツェゴビナ紛争やコソボ紛争、アフガニスタン紛争などへ出動しました。そして欧州の脅威は去ったと安心していた二〇一四年、足元の欧州正面でウクライナ危機が勃発することになるのです。

ウクライナ領の黒海に突き出したクリミア半島にロシア武装集団が侵入。クリミアを事実上占領した状態で帰属を問う住民投票を実施し、その結果を受けてプーチン大統領はロシア連邦へのクリミア併合を宣言しました。おそらく、そうした行動をとってもアメリカは何もできない、という計算がプーチンにはあったのでしょう。二〇一五年三月にはプーチン大統領が国営テレビで、ウクライナの政権転覆時に「核兵器使用の準備を軍に指示した」と発言したことを覚えている人もいるのではないでしょうか。

その発言を聞いたとき、「ずいぶん時代錯誤なことをいうな」と思ったものです。もちろん体裁こそクリミア住民の意思による独立でしたが、武力による現状変更に近いので、そのやり方は絶対に許されません。クリミア方式がまかり通るなら、中国が軍事力や経済力にモノをいわせて、独立併合させたい地域の現状変更を迫ることも可能になってしまいます。

ただ、ロシアはソ連の時代から、ウクライナを自国の勢力圏とみなしてきました。ウクライナはロシアにとって、西欧とのあいだにあるべき緩衝地帯です。サッカーのディフェンスラインをゴール直前に引かないのと同様、自国の防衛線はある程度、余裕をもって国境の外に引くものです。多くの国と国境を接する大陸国であり、過去に何度も西欧の侵攻を経験したロシアが、EUに接近するウクライナを脅威に思うだろう気持ちは理解できなくもありません。

いまやソ連時代にあった東欧諸国の緩衝地帯はすべて失われました。唯一残されたウクライナを失うと、ロシアは丸裸同然です。また、黒海から地中海に通じるクリミア半島にはロシア黒海艦隊の基地があり、軍事上の要衝であることから、是が非でも奪還したかったのでしょう。ウクライナは政府軍と親ロシア派武装勢力の内戦に突入しました。

ウクライナ危機を機として、NATOは冷戦期のソ連に対抗する軍事同盟としての役割を復活させました。ロシアの東欧侵攻の可能性を踏まえ、集団防衛抑止力を強化する目的で、数日間で展開できる四〇〇〇〜五〇〇〇人編成の緊急展開部隊の創設を決めたのです。

そこでは当然、アメリカの全世界を見据えた軍事戦略も変わってきます。アジアリバランスという言葉がありますね。これは軍事的側面だけのことではなく、将来的な資源や市場、軍事的優位性を保つため、アジア太平洋地域に軍事・外交・経済上の重点をシフトする戦略のことです。具体的には中国との経済関係を保つ一方、中国による海洋への影響力を最小限にとどめるため、同盟国との軍事関係を強化し、アジア太平洋地域におけるアメリカの影響力を確保することだといえるでしょう。

その一方で「イスラム国」への対処などもあって、イランとの関係見直しを明言するなど、中東地域が混迷していることから、アジアリバランスも当初の思惑より変質せざるをえない部分もあります。現状を適切に表現できる言葉は、リバランスという言葉よりも、クリントン元国務長官が最初に使った「ピボット」という表現ではないでしょうか。軸足は当然米国に置きつつ、もう片方の足は状況に応じて、アジア、欧州、中東のいずれかに向けている状態です。

「力の空白」をつくらない努力が世界を安定させる

目下の世界情勢をいま、どのようなかたちで認識しておくべきでしょう。先にフランシス・フクヤマ氏の『歴史の終わり』に言及しましたが、彼の歴史終結論は歴史哲学であって、現状論ではありません。ソ連が崩壊し、「民主主義が世界を席巻《せっけん》して、戦争やテロのない平和な世界が到来する」といったマスコミ受けするような仮説ではなく、古代ローマ帝国や中国の歴代王朝、ナチス、ソ連など強権的な支配で覇権を極めた歴史上の国家は、すべて崩壊した。しかし、成熟したリベラルな民主国家は選挙による政権選択がいくらでも可能であり、それにとって代わる政治体制もないので、崩壊せずに永久に存続するという趣旨の歴史哲学書なのです。

ネオコン（新保守主義）の論客だったフクヤマ氏は、自らの仮説を意図的に都合よく解釈したアメリカのネオコンに「決別宣言」し、『アメリカの終わり』（講談社ＢＩＺ）を出版しました。『読売新聞』（二〇〇六年五月二十七日付）のインタビュー記事によると、「ネオコンは、世界の問題を解決する上で軍事力ばかり過信する教理と化してしまった。三つの判断の誤りがあった。第一は（イラクで）核拡散疑惑に先制攻撃で対処してしまった。代償が大き過ぎるし、米国を国際社会で孤立させた。第二に世界における反米世論の強さを見誤った。第三に国家建設を巡る誤算。イラクを再建するのがどんなに困難か大きな誤認があった」と彼らの誤りを指摘しています。

またネオコンとの決別については、「民主主義を重視し、（圧政かどうかといった）他国の性格を判断材料とするのは、今も大切な考え方と思う。だが、私は考えを変えた。軍の力でできることとできないことがある。イラクのようなもろい国を武力で安定させるのは難しい」と答えました。

アメリカは湾岸戦争とイラク戦争で、民主主義の経験のないイスラム的価値観の多民族国家イラクに介入し、結局、その後の占領統治に失敗して撤退しました。イラクのような破綻国家をどう安定させるかということこそ、これから二十〜三十年にわたる国際社会の最も大きな課題ではないかと思います。

そのイラクに二〇〇三年に成立した「イラク特措法」という法律に基づき、自衛隊は国家の再建支援のため、非戦闘地域に派遣されました。私は青森の師団長として、秋田の連隊長を指揮官にして部隊を編成し、教育訓練を行ない、イラクに第三次隊を派遣する任務に就いていました。そして陸幕副長時代の二〇〇五年六月には、私自身もイラクのサマーワを訪問し、破綻国家の厳しい現実を目の当たりにしたのです。海陸自イラク派遣部隊は医療支援、浄水場を整備しながらの給水支援、約四〇カ所の学校施設の復旧整備や生活道路の整備、空自は空輸実績約五万人の輸送と約七〇〇トンの物資輸送を行ないました。一方、陸自のサマーワ駐屯地では、数度にわたる迫撃砲や活動中のＩＥＤ（即席爆発装置）の脅威など、厳しいものがありました。

当時のイラクは、まさにイギリスの哲学者トマス・ホッブズのいう、何でもありの「自然状態」だったのです。社会のルールや法はあっても、犯罪を取り締まったり、秩序を維持する政府（公権力）が機能していないから、国民も守れない。サマーワ訪問からはや十年が経ちましたが、イラクの混乱は収まる気配がみえません。世界の安全保障上、いちばん不安定な地域はイラク、シリア、リビア、イエメンが破綻国家状態にある中東で、力の空白地を浸食しながら「イスラム国」の支配地域が増殖しています。シェールガスがアメリカで採れるようになったとはいえ、コスト面などから主要なエネルギー源になるにはしばらく時間がかかるでしょう。まだまだ中東の石油は世界のエネルギー源で、世界の安定と繁栄には中東の安定化が不可欠です。

国を守る軍隊がいて、法やルールを守り税金を徴収するための統治組織が機能し、毎日脅えて暮らさなくても国民の生活が成り立つ。徴収した税金を、国民の教育・医療、国防、治安維持のために使う。それが最低限、統治能力のある国のかたちだと思います。

中東諸国それぞれが統治能力を高め、統治能力のある国家を増やすこと、それがイスラム系過激派組織の発生を予防し、周辺国の不安定要因を取り除くことになり、中東地域の安定化にも貢献するのです。中東を安定化するために日本に、あるいは自衛隊にできることはないか。そのことを、退官したいまでも、考えつづけています。

軍事力でいえば、「力の空白をつくらないこと」が地域の安定につながります。もし東アジアで日本だけが「非武装中立」を宣言し、他国との安全保障協力を拒否すれば、わが国は平和を手にできるでしょうか。そうは思いません。「力の空白」となった日本は、たとえば中国、ロシア、アメリカからつねに影響下に置こうという干渉を受け、かつてない不安定に陥るでしょう。それは東アジアの不安定要因にもなります。だからこそ自国民の安全と繁栄を守るため、現状の脅威を顕在化しないように抑止し、また必要最小限の対処ができる防衛力を整備する。それは一部の人が案ずるような軍事大国化ではありません。力の空白をつくらない防衛力が日本の抑止力を高めると同時に、東アジア地域の不安定化も防ぐのです。

国際化のなかで制服組に求められること

そうしたなかで、自衛隊の役割自体にも大きな変化が生じることはいうまでもないでしょう。自衛隊初の海外実任務となった掃海艇部隊のペルシャ湾派遣から、四半世紀が経とうとしています。自衛隊が海外で活動するケースはPKO、人道・復興支援、国際緊急援助、海賊対処など多岐にわたり、海外で活動したことのある自衛官は延べ五万人を超えました。今後、その数はさらに増えていくはずです。

私自身も二〇〇七年に陸上幕僚長（陸幕長）になると、海外に出る機会が増えました。同年八月には、オーストラリア・シドニーで開催された約二〇カ国の制服組が集まる太平洋地域陸軍参謀総長等会議（PACC）に出席。こうした大きな会議では、全体会議や小グループ会議以外の時間を使い、二、三日のあいだに十数人と個別に会うことになります。当然、すべての協議内容が具体化するわけではありませんが、やはりお互いに知り合うのは大事なことで、顔と顔を突き合わせて話をする機会は、とても意義深いものです。

統幕長レベルでは、毎年行なわれるアジア太平洋諸国参謀総長等会議やシンガポールでのシャングリラ会合（アジア安全保障会議）などの国際会議、そしてテレビ会議などを通じて多国間、あるいは二国間での協議や意見交換をする機会があります。

国内では横田の在日米軍司令官と定例会合を行ない、とくに統幕長時代はウィラード太平洋軍司令官と頻繁《ひんぱん》に戦略協議の場を設けて意見交換し、認識の共有に努めました。そこで培《つちか》われた人間関係が、東日本大震災での「トモダチ作戦」のスムーズなやりとりを可能にしたと思っています。東日本大震災の話は第4章でいたしましょう。

あるいは当時は日米韓で会議を開き、その成果もありました。たとえば二〇一〇年、PKOで自衛隊を中南米のハイチに派遣したときのこと。三者間の協議で「今度一緒の共同作業をやろう」と話がまとまりました。同年六月に派遣部隊激励のためにハイチを訪れるとすでに、自衛隊と韓国軍が、現地の学校建設のために同じ作業を共同で行なっています。一方がブルドーザで整地、一方がダンプで土砂を運ぶ。「この関係を続けていかないといけないね」。そう話していましたが、二〇一二年八月、李明博《イミョンバク》大統領が竹島に上陸し、日韓関係はおかしくなってしまいました。

二〇〇九年には統幕長として、ハワイで開かれた二三カ国が集まるアジア太平洋諸国参謀総長等会議にも出席しました。

この会議ではアメリカがホストであったため、特別にアフガニスタンで戦っている一〇カ国だけの意見交換会に参加させてくれたのです。日本の自衛隊は、ほんとうはメンバー外。最後に「コメント」を求められて発言はしましたが、少し寂しくなりました。もちろん、一緒に戦いたいということではありません。多国籍軍として一緒のメンバーのなかにいて、コメントする自分に疎外感を感じたのです。

次代の統幕長は、私の倍以上動いています。地球儀外交を掲げる安倍晋三首相は歴代最多の外遊回数で積極外交を進めています。安全保障問題にかかわることも多いわけですから、必然的に制服組トップとしての活動も積極性が求められます。以前は「そんなにたくさん外国に何をしに行くんだ？」といわれたこともありましたが、ここ五年ぐらいで雰囲気がすっかり変わりました。

自衛隊への好感度や信頼感もかつてない数字に

統幕長と陸海空幕長は毎週、記者会見をしています。自衛隊側にとくに話すための話題がないときも毎週です。私も陸幕長と統幕長のとき、記者会見をそれぞれ一〇〇〇回ほど行ないました。自衛隊の主要な訓練についてもできる部分はオープンにしていますから、演習内容などについて詰問される、というようなことはなくなりました。南西諸島の奄美大島などで実施している統合訓練などについても、昔であれば侵攻訓練だなどと叩かれてたいへんだったのでしょうが、時代は変わりました。

イラク派遣の第六次派遣部隊が、私が中部方面総監のときに任務を終えて総監部の所在する伊丹市に帰還しました。「お帰りなさい」の横断幕が伊丹市の商店街にあって、十年前との違いに涙が出るくらい驚いたものです。カンボジアへのPKO派遣には反対運動が強く、隊員のご両親からもいろいろいわれました。この十年の大きな変化です。

裏づけるデータも出ています。二〇一五年三月の内閣府世論調査結果で「自衛隊について良い印象を持っている」が九二・二%になったことは先に述べましたが、二〇一四年十一月の読売新聞社・米ギャラップ社の日米共同世論調査結果でも、「信頼している国内の組織や公共機関」は自衛隊が七五%でトップ。アメリカも軍隊が八五%でトップです。

PKOなどの自衛隊の活動状況や実績、さらには阪神淡路大震災、東日本大震災の救助活動などによって、自衛隊が国民の前で「目にみえるかたち」で認識されてきたことが、その最大の理由でしょう。自衛隊を「昭和の時代」と「平成の時代」とに分けるなら、「昭和の時代」は「自衛隊が存在すること＋日米同盟」によって平和を守ってきた、といえます。自衛隊は存在すること自体が重要で、表に出なくてもよかったのです。

ところが「平成の時代」には、ＰＫＯ、国際緊急援助活動などにより、その姿が表にみえるようになりました。それを通じた安心感が、信頼度の根幹にある気がします。

一方で、そうして自衛隊が海外に出ていけばいくほど、既存法制では対処できない状況も発生します。冷戦時代は両陣営間の抑止力が効いていたし、米ソによる陣営内の抑えも機能しました。日米関係も貿易摩擦の問題などはありましたが、日米同盟関係そのものは安定していました。ソ連の侵攻という日本有事の際には、専守防衛の自衛隊が「盾」で米軍が「矛」という役割分担があったのです。自国への攻撃に対して個別的自衛権で反撃はするものの、敵を叩くのは米軍でした。

国連安保理の決議に基づく湾岸戦争の多国籍軍に自衛隊が参加せず、結局、停戦成立後のペルシャ湾に掃海艇を派遣したことは、先にみたとおりです。これは「機雷等の除去」を定めた自衛隊法第九九条（当時）の解釈により、ようやく実現しました。従来の憲法解釈では、機雷の除去も個別的自衛権の行使とされました。戦闘中の機雷を他国と共同で除去することは集団的自衛権の行使になるので、できない。かといって、機雷は日本に対して直接敷設されたものではないので、個別的自衛権は行使できない。そこで機雷などを除去できる範囲を日本周辺から公海まで広げ、停戦成立後の敵のいない公海上の機雷除去は船舶の安全航行を守る危険物の除去と同じである、つまり自衛隊の通常任務、という解釈にしたのです。集団的と個別的自衛権、憲法、自衛隊法と現実との矛盾には手をつけずに乗り切ったわけですが、数々の制約と自衛隊の矛盾は先送りされました。

その政府が持ち出したのが、「テロ対策特別措置法」で使われた時限立法（特措法）方式です。自らの国を守るための法律が、基本の恒久法としてまずある。これが普通の国の法体系でしょう。何をどこまでやることがこの国を守ることになるのか。その根本が決まれば、あとは応用問題。その恒久法に照らして海外で起きた事態に当てはまるかどうか判断しようというのが、普通のパターンではないでしょうか。自衛隊を海外派遣するたび、特措法で新しい法律をつくるほうが、よほど恣意《しい》的であると思えてなりません。

そして二〇一四年、安倍政権は集団的自衛権の限定行使を閣議決定し、二〇一五年四月には、自衛隊と米軍の役割分担を定めた日米防衛協力のための指針（ガイドライン）が、十八年ぶりに改定されました。日本が不安定な国際社会のなかで生き延びていくためには、多くの友人をつくらなければなりません。できれば同じような価値観、考え方をもつ国としっかり手を結びたい。やたらと態度が尊大なクラスのガキ大将に立ち向かうのに、一対一では相手になりません。でも一〇対一ぐらいになると、ガキ大将がちょっと怯《ひる》む。抑止が効いてきて、望ましい方向に導いていける気がします。東アジアはもちろんですが、もう少し視野を広げて手を結ぶ相手を探すべきではないか。そう考えているのですが、次章ではその立ち向かう相手について述べましょう。

第2章

中国がいまほんとうに考えていること

「北京の春」の予感から、日中関係は厳冬へ

自衛隊中央音楽隊の生演奏をバックに、中国海軍の少将はじめ出席者が「北国の春」を歌い上げています。お酒が入って上機嫌の彼らは山口百恵の曲もリクエストしました。音楽隊は歓迎式典のために呼びましたから、もちろん生オケ用の楽譜など用意していません。何とか演奏できる曲をみつけ、リクエストに応えることができました。主賓として公式訪問していた中国人民解放軍の葛振峰副総参謀長も、部下の様子を笑顔で眺めています。いまとなっては懐かしい、二〇〇九年二月の思い出の一場面です。

陸軍担当の葛振峰副総参謀長は、陸幕長である私のカウンターパート。昼間の行事を終え、明治記念館での夕食会に招待したのです。予想外の生オケのおかげで盛り上がり、「これから中国軍との関係が改善されるかもしれない」と希望を抱かせるような訪問となりました。

陸軍担当の副総参謀長のお供の一人が、なぜ海軍の少将だったのか。その謎は数カ月後に解けました。中国軍は国連安保理決議に基づき、初の実任務外洋遠征となるソマリア沖アデ

ン湾の海賊対処任務を行なっていました。訪問中は一言も口にしませんでしたが、この海軍少将は司令官として、現地に向けて出港したのです。海外派遣経験の豊富な自衛隊から、参考になる情報を収集していたのかもしれません。

同年三月には浜田靖一《やすかず》防衛大臣が訪中し、六月にはシンガポールで開催された英国国際戦略研究所（ＩＩＳＳ）主催のシャングリラ会合が開催されました。日本側からは浜田防衛大臣をはじめ全員で五〜六人が出席し、私も初めて統幕長として参加しました。

その後、中国が空軍トップの司令員になる馬暁天副総参謀長を筆頭に、総勢約二〇人の大所帯で現れます。アデン湾への派遣もそうですが、このころが中国が世界に対して大国として振る舞いはじめる過渡期であったと思います。当時、中国軍の透明性の確保は安全保障上の大きな課題でしたが、馬暁天副総参謀長との二国間会談では和やかな雰囲気のなか、「日中防衛交流はよい方向にある。さらに未来に向かって前進しよう」といった話をしたことを記憶しています。

しかし、これが日中の幕僚長クラスが、未来志向で話した最後の機会になりました。淡い期待は儚《はかな》く、崩れ去ります。それ以降、日本から陸幕長が中国を訪問したことはあると思いますが、中国からの訪問はありません。シャングリラなどの国際会議で一堂に会することはあっても、防衛大臣と国防相などの政治家レベルでの会談で終わりです。「アジア太平洋地域の安全保障を仕切るのはアメリカと中国だ」。彼らは大国意識満々でしたし、その雰囲気をひしひしと感じました。アメリカの側も気を遣っているのがわかりました。

残念ながら「北京の春」は来ず、日中の対立は、冬から厳冬へと急速に冷え込んでいきます。

「大したことはない」とみていた中国の海軍力

中国が外交の一環として軍事力を使いはじめたのは、訪日した海軍少将も派遣されたアデン湾の海賊対処が初めてではないでしょうか。二〇〇八年末からアデン湾の海賊対処に参加することで、国際社会へのアピールになりますし、任務や他国の海軍との交流を通じ、海軍と乗員の能力も上がっていくことになります。

しかし、当時の気持ちを率直に吐露するならば、中国の海軍力は「まだ大したことはない」と私はみていました。年末に出港した第一次派遣隊が出港早々、乗員に船酔いが続出したという報道もありました。また、外洋で洋上補給を実施する際、艦艇と補給船が二列で並行して給油したり、縦列で給油したりしますが、海上自衛隊の専門家にいわせるとかなりの練度が必要で、「まだその能力は高くない」という評価でした。

ところがアデン湾やその他の活動で外交上のポイントを稼ぎながら実践経験を積み、太平洋上での訓練を重ねていくうちに、その練度・能力が目にみえて上達していくのがわかりました。すぐに「これは侮《あなど》れない」と思い直したのです。私の感覚では、中国は二〇〇八年が胎動期、二〇〇九年が過渡期で、二〇一〇年以降、目にみえて強さが現れてきたように思います。

近年、日本周辺における中国海空軍の動きが活発化していますが、その先駆けとなる海軍の出来事が二〇〇八年にありました。中国海軍の戦闘艦四隻が初めて、日本海から津軽海峡を抜けて太平洋を南下し、沖縄・宮古島間を抜けて中国に戻るという、概《おおむ》ね日本を一周する航海を行なったのです。

珍しく北に向かった艦艇が、日本海を北上してそのまま引き返すのかと思っていたら、津軽海峡を通って太平洋に出て戻ってきた。中国艦艇が本土から日本の近海を通って「太平洋に出るぞ」という意思を国内外に宣言したのと同じことで、これから似たような事案が多発し、新しい脅威の時代が始まる、と確信しました。二〇〇九年に再びそうした行動をとることはありませんでしたが、二〇一〇年から中国海軍はそれを再開しました。二〇一〇年に中国はGDPで日本を抜き、世界第二位の経済大国になりました。それ以降、南西諸島の通過を伴う太平洋での活動は、二〇一二年は六回、二〇一三年は八回と、年々回数を増やしながら常態化しています。

中国漁船衝突事件で顕在化した尖閣問題

二〇一〇年九月七日午前、海上保安庁の巡視船が日本の領海を侵犯して沖縄県の尖閣諸島付近で違法操業していた中国漁船を発見し、停船を勧告したものの、漁船はそれを無視して逃走。逃げる際に海上保安庁の巡視船二隻に衝突を繰り返したことから、同漁船の船長を公務執行妨害で逮捕する事件が起きました。それまでは日中政府双方に、同種事案に対しては問題を大きくしない、という暗黙の了解のようなものがあったと思います。

しかし船長を逮捕した以上、過去の経緯はさておき、日本国内で公正な裁きを受けさせなければ意味がありません。もし中国からみて英雄的行為の船長が有罪で収監されることになれば、「愛国無罪」を信じる国民の反発は指導層にも向けられたでしょう。しかし民主党政権は突如、漁船の船長を同月二十四日に処分保留で釈放してしまいます。この事件以降、中国漁業監視船が尖閣諸島の周辺海域を徘徊《はいかい》する事案が多数、発生しました。尖閣の領土問題が、顕在化することになったのです。

民主党政権を責めるつもりはありません。日本で初めて二大政党による政権交代によって生まれた政権ですから、経験不足は否めず、普天間基地の移設や消費増税、東日本大震災対応などで政権の不安定さ、迷走ぶりが目立ちました。多くの国民がそう感じるくらいですから、国益の追求に余念がない海外はさらに冷徹な目でみていたはずです。

現在、中国共産党のトップを務める習近平は二〇一二年に党中央委員会総書記に、二〇一三年には国家主席となります。権力を自らに集中させ、基盤を安定させなければならないという意識が働くのは当然でしょう。日本が政治的不安定・浮動期にあったことは、攻勢のタイミングとしても都合がよかったのではないでしょうか。

とはいえ、やみくもに前進・発展しているわけではなく、危機管理に対する中国の対応は基本的に党中央指導部の統制のもとで行なわれています。その特徴は第一に、「危機を利益追求の好機ととらえる傾向が強い」こと。エスカレーションをコントロールしつつ、同時に自国の利益を可能なかぎり追求します。

第二に、「危機をつくりだした原因は相手側にあるとして、自国を受動的な立場に置き、行為の正当性を主張する傾向にあると同時に主導性を発揮する」こと。海保巡視船と中国漁船の衝突事件後、中国政府が主導したレアメタルの禁輸、ゼネコンのフジタ社員の逮捕などにそれをみることができます。

世論戦、心理戦、法律戦からなる「三戦」とは何か

その後、日本では二〇一二年末の総選挙で五年ぶりに安倍政権が誕生します。自民党の政権復帰により、日本政治は安定化に向かい、安倍政権の経済政策、外交・安全保障政策に国民の期待は高まりました。

その安倍政権に対しても、中国は「危機をチャンスにし、危機の原因を相手に転嫁する」戦略を仕掛けます。安倍政権の憲法改正論議、積極的平和主義を「戦後の世界秩序に対する我儘《わがまま》な挑戦」と位置づけ、「わが国固有の領土」という尖閣諸島の領有権主張、首相の靖国神社参拝問題、教科書問題という歴史認識の三点セットを国内・海外向けの宣伝ツールにして、アメリカ、韓国などを巻き込んで国際問題化しようとしたのです。

中国では、軍事や戦争に関して「三戦《さんせん》」と呼ばれる戦術があります。世論戦（輿論《よろん》戦）、心理戦、法律戦の三つですが、『防衛白書』（平成二十六年版）はそれについて、「輿論戦」は、中国の軍事行動に対する大衆および国際社会の支持を築くとともに、敵が中国の利益に反するとみられる政策を追求することのないよう、国内および国際世論に影響を及ぼすことを目的とするもの。「心理戦」は、敵の軍人およびそれを支援する文民に対する抑止・衝撃・士気低下を目的とする心理作戦を通じて、敵が戦闘作戦を遂行する能力を低下させようとするもの。「法律戦」は、国際法および国内法を利用して、国際的な支持を獲得するとともに、中国の軍事行動に対して予想される反発に対処するもの、と説明しています。

国際政治、国際世論の戦略的・組織的ロビー活動では、中国に一日の長、ひょっとしたら百日の長ほどの差があります。これは認めざるをえません。中国は自説の広報活動を世界規模で行ない、あらゆる国際会議の場、中国大使などを通じて日本批判を展開します。アメリカ議会や世論にも繰り返し、訴えを起こします。日本を孤立させ、日本の国内世論を分断し、日米離反によって中国の相対的優位性を高める狙いからです。

竹島の領有権問題や歴史認識問題を共有する中韓政府が連携した対日批判は、日韓離反という成果を短期的には上げることに成功しました。アメリカのアジア系アメリカ人の影響力が大きい地域の一部では、いわゆる慰安婦像が設置されました。

日本国民の多くは、「中国の批判は客観的な事実に欠ける」と冷静に受け止めました。そもそも力による現状変更を重ねる中国に、わが国の平和主義を批判する資格などないのです。

空軍や海軍の軍事力整備はすべてが計画どおり

中国の全国人民代表大会（全人代）に上程された二〇一五年予算案の国防費は、八八六八億九八〇〇万元（約一六兆九〇〇〇億円）。前年比一〇％増と、五年連続で二桁《けた》増を記録した一方で、経済成長率の目標は七・〇％に引き下げられました。

こうした中国の対決姿勢・軍事動向は、軍事や安全保障政策に関する透明性の不足とも相まって、わが国を含む国際社会の大きな懸念材料、不安定要因となっていることは先述したとおりです。とはいえ、中国の転機となった二〇〇八年前後の情勢見積りでいえば、自衛隊も、米軍も、その後、五～十年間の国防費の伸びを見誤った可能性が高い。国防費がその期間に四倍に膨らむとは、見立てが甘かったといわざるをえません。

われわれが認識しなければならないのは、国防費の急増により軍の近代化が進み、統合力、機動性といった運用能力も向上していることでしょう。経済成長という裏づけに加え、着目すべきは軍事力整備の戦略性です。経済力が高まったから中国海軍が強くなり、軍事活動が活発化した、という単純な話ではないのです。その裏には一貫した軍事力整備の戦略があり、すべてが計画どおりに進んでいる、と解するべきでしょう。

中国は共産党が指導する一党独裁国家であり、日米とは国家体制が異なり、指導層はほぼ十年ごとに交代するとはいえ、政策、とくに軍事政策に関しては一貫性をもって集中的に推進できます。党の軍隊である人民解放軍は政治と軍隊がある意味では一体化しているので、戦略的に近代化が推進できるわけです。

たとえば空母「遼寧」一つとっても、用意周到な戦略性がうかがえます。一九九八年にウクライナからクズ鉄と揶揄《やゆ》された廃艦の空母を購入。改修を始めたのは二〇〇五年で、実際に就役させたのは二〇一二年。就役後も、艦載機の発着艦は無理だといわれながら、一三年には初めて南シナ海に進出して試験航行し、いまや運用間近の段階です。中国初の国産空母の建造が進み、二隻目の建造も決定したといわれます。

空軍では、第四世代の近代的戦闘機が着実に増加しているほか、次世代戦闘機とも指摘されるJ―20、J―31の開発が進められています。航空戦力の充実・近代化は、わが国への東シナ海における航空活動の活発化となって現れました。航空自衛隊が二〇一四年度に対応した対領空侵犯措置に伴う緊急発進（スクランブル）回数は、年間九四三回で、このうち四六四回が中国機。二〇〇九年度は三八回、二〇一〇年度は九六回だったので、この数年間で格段に増加していることになります。

さらに計画的なのは、海軍でしょう。拓殖大学茅原郁生《かやはらいくお》名誉教授の『中国軍事大国の原点』（蒼蒼社）によれば、すでに三十～四十年前から、中国海軍の近代化は戦略的に方向づけられていました。一九八〇年、劉華清上将が海軍司令員に抜擢され、現在では彼は「空母の父」とも呼ばれています。中国海軍の旗手として鄧小平の軍事改革路線に沿って海軍の近代化と強化を進めるとともに、次々と付加される任務をまとめ、近海防御戦略に結実させました。侵略脅威への対処に加えて領海権の防衛、海洋権益の防護、海洋資源の開発支援などを含む近海防御戦略をつくりあげ、近海防衛戦略の防衛ラインとして、「第一列島線」「第二列島線」という概念を示したのです（「第一列島線」＝九州を起点に、沖縄、台湾、フィリピン、ボルネオ島に至る線。「第二列島線」＝伊豆諸島を起点に、小笠原諸島、グアム、サイパン、パプアニューギニアに至る線）。

鄧小平の改革・開放路線により、沿岸部の経済特区が中国経済の牽引役となり、大都市へ

中国の唱える「第一列島線」と「第二列島線」

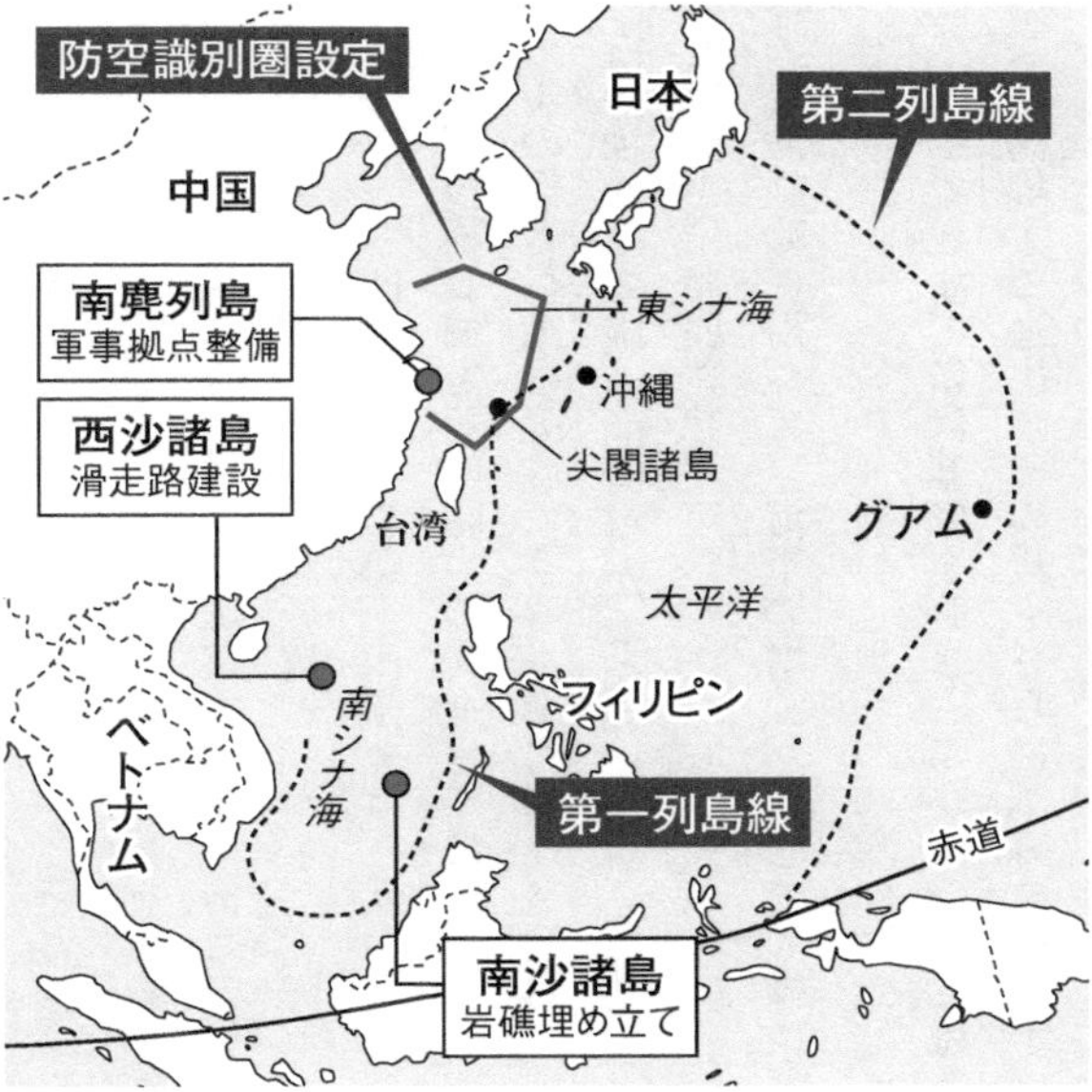

と発展しました。純軍事的視点に加え、沿岸部の大都市を守ることも中国の核心的利益を守ることであり、防衛ラインが本土の沿岸から離れていったのも当然だったのです。

海洋は、次第に戦略的意味をもつ領域になりつつありました。劉華清上将は「海洋事業の進展には強大な海軍と支援がなければならない」と主張しました。また一九八〇〜九〇年ごろの主要な論文には、じつに三十〜四十年先を見据えた長期の海軍強大化プランの提言があります。

①二〇〇〇年までの第一段階では、二十一世紀の海軍に発展させるための基礎を築き、多様化した艦種、兵種の合同した訓練へと発展させる。
②二〇〇一～二〇年までの第二段階では、何隻かの軽空母を建設して、兵力規模は主要海軍大国の規模に近づけ、作戦能力は中国海軍が管轄する戦域レベルの作戦行動ができる水準に引き上げる。訓練海域は近海から、遠洋海域へと徐々に発展させる。
③二〇二一～四〇年までの第三段階では、兵力規模は主要海軍大国の艦隊に相当するものにし、技術装備もその時点の先進水準に到達させる。作戦能力は、大洋で有効な戦役レベルの作戦行動を実施できる水準に到達させる。戦術課題が比較的単一であった遠洋航海訓練から、戦術的背景がかなり複雑で多様化した課題を帯びた遠洋航海合同訓練へと、徐々に発展させる。

この長期戦略に沿って、海軍の増強、そして訓練に努めてきた結果が、現状の中国海軍の姿です。

二〇〇〇年代までには基礎を築き、二〇一〇年には第一列島線に出ていく。二〇二〇年には第二列島線まで進出。その後もさらに訓練を積み上げて、海軍大国の仲間入りをして世界の海域を闊歩する。事態はそのとおりになっています。

とはいえ中国人民解放軍は、具体的な戦略やドクトリンの細部を明らかにしているわけではありません。ただし二〇一五年五月には、二年ぶりとなる『国防白書』を発表しました。前回と比べて分量が大幅に減り、データ記載がない異例の内容でしたが、「軍事戦略」をテーマにしたものです。それによると、「世界は、現実的で潜在的な局地戦争の脅威に直面」「核戦力は国家の主権と安全を維持する戦略的土台」「宇宙とサイバー空間は、各国の戦略競争で新たな主導権獲得の目標」と述べるとともに、軍の機構改革による統合機能の強化や、機動性の向上を明記しながら、海軍については「近海防御」型から「近海防御と遠海防御の結合」型に転換すると明らかにし、海洋進出の拡大を宣言しています。ここから今後の中国の戦略の考え方の一部を類推することができます。

「接近阻止／領域拒否」と「エアシー・バトル」

さらに、中国が従来からいわれている「A2／AD（接近阻止／領域拒否）」の戦略構想を有し、その能力を備えようとしているのは、軍事力整備や動向からも、間違いありません。

「A2（接近阻止）」とは、作戦戦域内にある米軍の前方基地に攻撃を仕掛け、また仕掛けるのに十分な攻撃力を誇示することで、前方基地から戦力を運用させないようにし、戦域に米軍部隊を近づかせない戦略を意味します。

「AD（領域拒否）」とは、作戦戦域内にあるアメリカの海軍部隊に攻撃を加え、あるいは攻撃能力を誇示し、彼らを自由に行動させないようにするということです。そのために対衛星破壊兵器による衛星攻撃、サイバー攻撃、電子戦による米軍ネットワークの断絶、対艦弾道ミサイルなどの精密誘導兵器による航空基地や空母打撃軍への攻撃、あるいは潜水艦による米海軍の拘束などが具体的な手段として挙げられます。

いずれにしても、自ら遠方に出かけて作戦するというよりも、自国の領土、あるいは近海で相手を待ち構えるという、中国の地の利を得た戦略といえるでしょう。

その対抗手段としてアメリカが考えているのが、中国側の主要拠点への空と海からの攻撃能力の増強などを主体とするエアシー・バトル（ASB）。最近では国防総省がJMA－GCという名称で発表しましたが、その構想によれば海空戦力に地上戦力を加え、より統合色が出ています。アメリカの有名なシンクタンクであるCSBA（戦略予算評価センター）は二〇一〇年の報告書で、それは中国との戦争や封じ込めを目的とする戦略ではなく、地域の安定した軍事バランスを維持し、安定化することを目的とする相殺戦略であり、軍事バランスの回復に力点があると述べています。

もちろんその戦略の細部はわかりませんが、米軍は中国人民解放軍が多用するであろう中国本土からの弾道ミサイル、空中発射の巡航ミサイルによる主要作戦基地や空母などに対する攻撃を最大の脅威としてとらえ、それらの攻撃効果を減殺させるための抗堪《こうたん》性（基地などが攻撃を受けた場合、被害を局限して生き残り、その機能を維持する性能）や残存性（敵の第一撃に対して、味方の戦略核兵力がどれだけ生き残れるかの度合い）の確保、そして攻撃能力を低下させるためのネットワークの破壊、無力化を作戦の核心に位置づけていることが想像できます。また、海空戦に加えて、宇宙戦やサイバー戦が重要な領域となるでしょう。

軍事力の比較でいえば、アメリカと中国の力の差はまだかなり開いています。中国の軍事費がこの十年間で四倍になったとはいえ、アメリカはその三〜四倍の軍事費で、近代化は進んでいますし、練度・経験値もそうとうに高いものがあります。軍事費の増加の裏づけである中国の著しい経済成長は、いずれピークアウトする可能性もあります。そこで中国の軍事戦略はまず、近海、いわゆる第一列島線内における優位を確実にすることでしょう。

一方、こうした情勢のなかでいつ生起するかわからない不測事態を回避する取り組みも、遅々としてはいるものの進んではいます。たとえば二〇一四年四月には、日本、アメリカ、中国など二一ヵ国が参加し、中国の青島で国際会議「西太平洋海軍シンポジウム」が開かれ、「海上衝突回避規範」が全会一致で採択されました。現場レベルの法的拘束力はないものの画期的で、望ましい動きではあります。中国を取り入れた危害防止策、信頼醸成措置を進めていくことは、喫緊の課題といえるでしょう。

南シナ海問題は世界秩序にとっても死活的

そもそも、日本と中国の国際法の解釈は相容《あいい》れないものがあります。国連海洋法条約は、日本も中国も一九九六年に批准しています。たとえば排他的経済水域（ＥＥＺ）の解釈でいえば、日本は等距離原則の考え方で、日中の基線からそれぞれ二〇〇海里の中間線を境にするという主張です。

一方、中国の場合は、大陸棚の自然延長の原則を持ち出します。自国の海岸線から大陸棚がつながっているところまでが中国の領土である。そうすると、日中中間線より大幅に東に延びて沖縄トラフの付近までが、中国のＥＥＺになってしまうのです。中国の主張は実質的な国境変更であり、沖縄近海まで中国領になるようなものですから、ギャップを埋めるのは不可能に近いといわざるをえません。

東シナ海よりもさらに混迷を深めているのは、南シナ海です。世界の海上交通の三分の一が通行し、日本のエネルギーの約八割、中国のエネルギーの約六割が、南シナ海を通行するタンカーによって運ばれます。南シナ海は軍事的要衝であり、また広大なEEZ内では海洋・海底資源が見込めることから、中国、台湾、ベトナム、フィリピン、マレーシア、ブルネイが領有権を主張しています。多くの主要な島には軍隊や警備隊が常駐し、緊張状態が続いています。

とくに中国は南シナ海で独自の「九段線（ナインドット・ライン）」なるものを一九五〇年代から提唱し、南沙諸島、中沙諸島、西沙諸島、東沙諸島を総称して南海諸島と呼び、そのほぼ全域の領有を主張しています。そして、その海域に他国が勝手に入ることを認めない姿勢を示しているのです。

南シナ海では、南沙諸島と西沙諸島の環礁を埋め立てて人工島を造成し、そこに滑走路のある軍事拠点・町をつくって実効支配の実績を積み上げています。町の住民に危害が及べば、自国民保護の名目で出動できます。中国が行なう一般的な実効支配の要領は、まず国内法で主権を主張し、海上民兵を係争地で活動させる。たとえば海上民兵は海南省で約二三〇〇人（二〇一二年現在）います。そして民間人保護の名目で中国海警局の海上執行機関を派遣する。さらには危害を被ったという口実で実効支配を確実にする、強化するというやり方です。

西沙諸島ではすでに、最大の永興島周辺を埋め立て、「南シナ海における軍事、海洋政策の中心」と位置づけています。滑走路は三〇〇〇メートル級に延伸され、中国軍兵士や漁民など約一〇〇〇人が居住。南海諸島全体を管轄する三沙市の行政機関や病院などもある町で、二〇一五年中に学校が新設されると報道されました。南沙諸島の拠点は三〇〇〇メートル級滑走路の建設が指摘されるファイアリークロス（永暑）礁の埋立地で、両拠点に仮に中国の主要戦闘機であるJ－11を配備した場合、その行動半径から南シナ海をすべてカバーすることができます。

そこで実効支配の既成事実がますます積み上がってしまうと、南シナ海の軍事的支配権が高まっていきます。

マラッカ海峡と南シナ海を通るルートがグローバルコモンズ（国際公共財）ではなく、中国の影響が強くなることを考えたら、これが東アジアの問題ではなく、世界の秩序・海洋国家にとって死活的な問題であることが、理解できるでしょう。

南シナ海における基地建設の影響のイメージ図

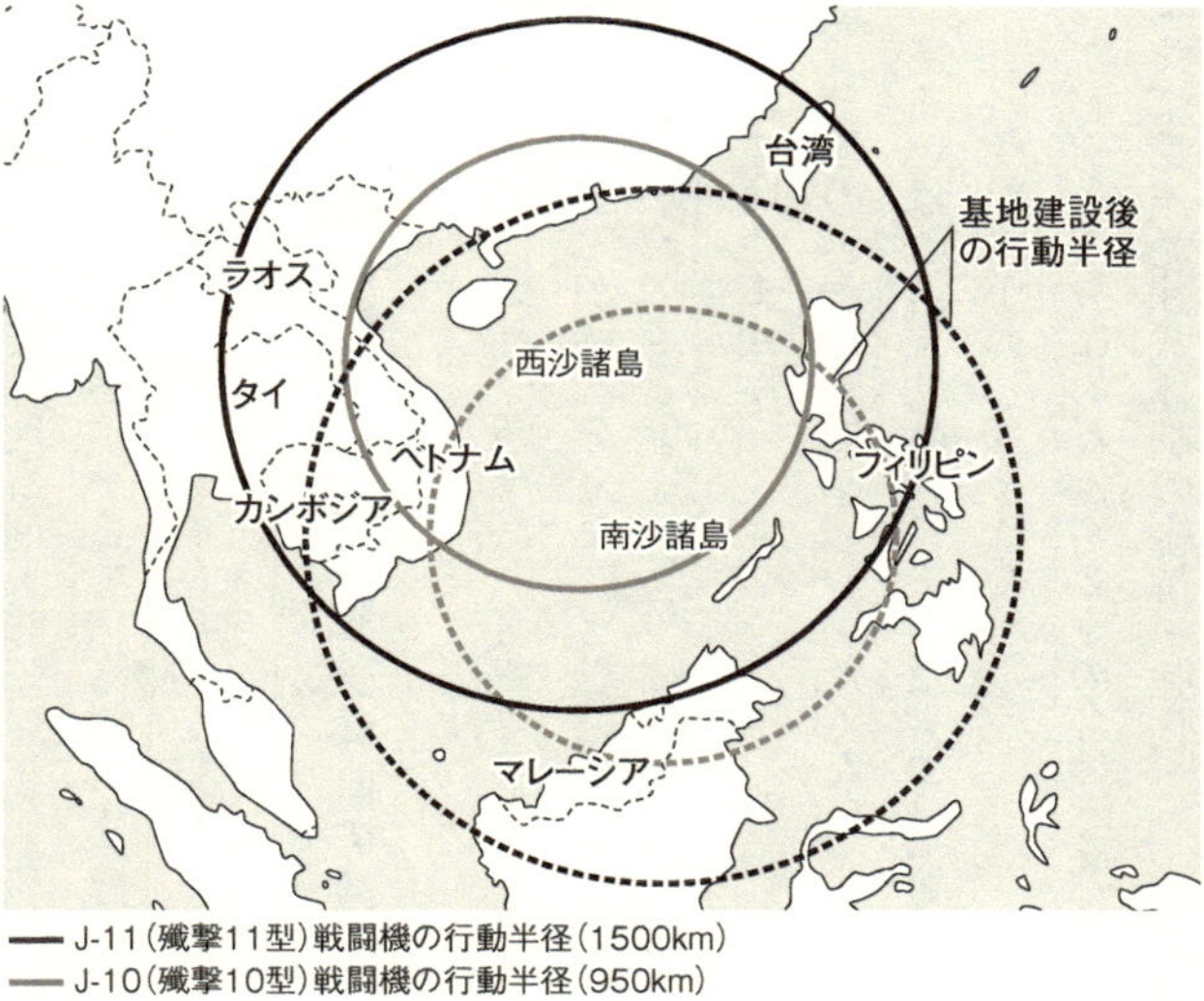

平穏なときには何も起こらないかもしれませんが、政治・外交、軍事的な緊張が高まったときには、南シナ海がたいへんなことになるという認識をもっておくことが必要です。沿岸部や内陸からの弾道ミサイル、航空支援のもと、空母や戦闘艦が海域の内外で常時にらみを利かせることができれば、南シナ海の軍事バランスははたして……といったところでしょう。

そこで何が起こるか。仮定の話ですが、第一列島線の内側が中国有利の状況で、第二列島線まで中国艦艇が日常的に進出することが容易になるのです。中国海軍はたびたび太平洋側に出てきて訓練し、質も練度も向上していますが、将来的に国産空母の建造、運用が進み、関東沖あたりまで遊弋《ゆうよく》する。そこで何も対応する能力がない、助けに来てくれる友もいないとなれば、あらゆる政治的、外交的圧力を覚悟しなければなりません。

真の「核心的利益」は一党独裁体制の維持・強化

中国の最終目標とはいったい何でしょう。まずはよく話題になる「偉大なる中華民族の復興」に触れておかざるをえないと思います。経済力をつけて国力が上がり、大国の自信をつけてきた中国は、一八四〇年のアヘン戦争でイギリスに敗れ、「屈辱の百年」が始まったことを忘れてはいません。

二度とそのような歴史は味わいたくない。そのためには、力、とくに軍事力を強化すべきだ。あるいは、清王朝時代に失ったものは取り戻さねばならず、その正統性は自分たちにある、という理屈かもしれません。

しかし、その裏にあるほんとうの「核心的利益」を見逃すわけにもいきません。それこそが「共産党一党独裁体制の維持・強化」です（七八ページの図参照）。この核心的利益を国家

清王朝の最大版図（実線で囲まれた範囲）

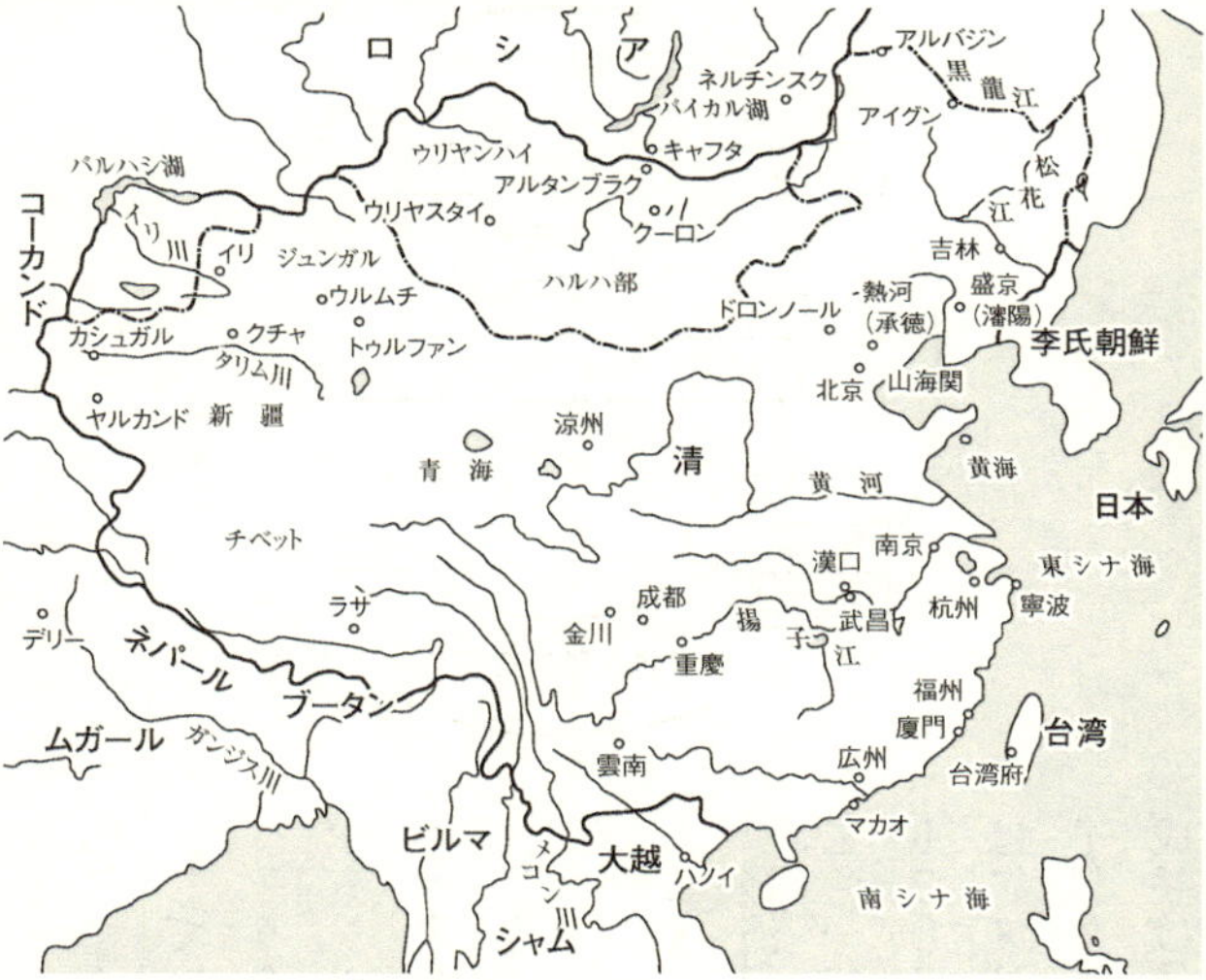

注：-・-・- は現在の中華人民共和国の国境　　出所：ethnos.exblog.jp

の統一性、国力発展、正統性を軸として、それらを実現する手段として周辺環境の安定化を求めつつ、世界新秩序の構築、資源確保・市場獲得、そして民主化要求の排除といった行動をとるとすれば、理解が進むのではないでしょうか。

　中国共産党の党員数は八六六八万人（二〇一三年末）で、総人口約一三億六〇〇〇万人（同）の六％強。共産党員のうち、政府や共産党の幹部は全体の八・四％で、〇・五％の超エリートが支配する構造です。その習近平を頂点とする体制が唱える「偉大なる中華民族の復興」という大目標も、国民のナショナリズムを高めながら、豊かな生活の実感を与える

中国の国家体制の構図

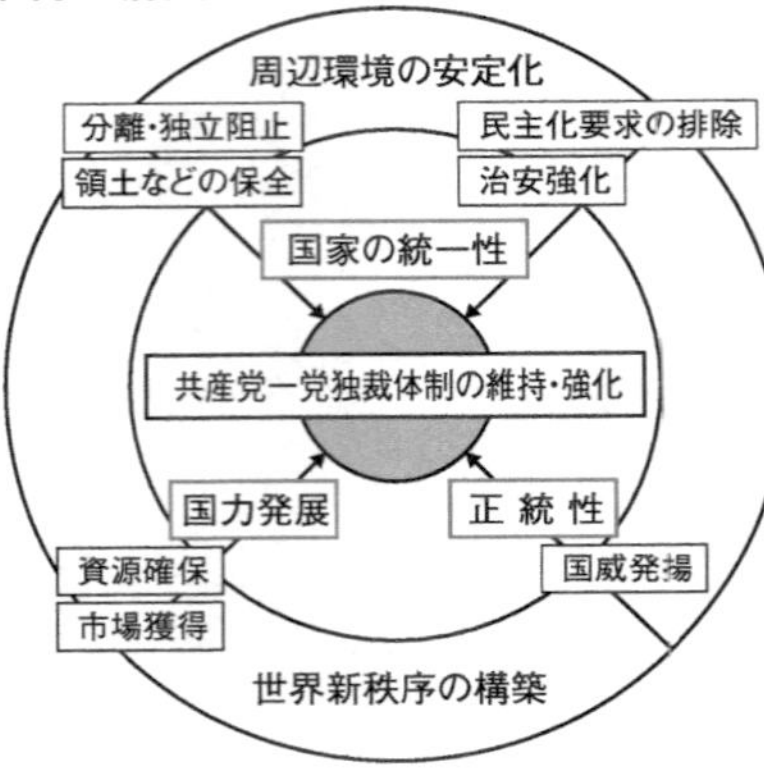

ことで、共産党指導部への不満をそらす意図を強く感じます。経済成長は、「核心的利益」と密接に関連しているのです。

そうなると、中国の最終的な到達地点が南シナ海や東シナ海の支配であったり、新疆《しんきょう》ウイグルやチベットの統治能力を高めて分離独立を阻止するだけではなく、いつかはアメリカと世界の覇権を張り合う、あるいは分け合うぐらいの強大な国家にしていくことが目標になる、ということになるでしょう。

経済面でみれば、米国国家情報会議（NIC）が二〇一二年十二月に発表した「グローバル・トレンド2030：未来の姿」では、二〇二〇年代に中国はアメリカを抜き、世界第一位の経済大国になると予想されています。一方、最近の経済統計では経済成長は鈍化傾向にあり、また実体経済もそれを裏づけているようです。日本がたどっている少子高齢化の道を十五年遅れで追っているといわれる一人っ子政策の影響による高齢化率の上昇が、財政支出を増加させているのです。

二〇一四年四月には習近平国家主席の「新常態（ニューノーマル）」発言があり、投資と負債頼みの経済から、質を重視した中高速成長への方向転換を図ろうとしています。しかし習近平をはじめ現執行部を選出した二〇一二年の共産党第一八回大会では、「二〇二〇年までにGDPと国民の平均年収を、二〇一〇年の二倍にする」と公約していますから、同時に国民の経済に対する不満も吸収していかねばなりません。

中国は互いに主要な貿易相手であるアメリカと、事を構えない方針を堅持するでしょう。冷戦終結以降、北京とワシントンは決定的な対立局面に陥るのを寸前で何度も回避してきました。

一九九九年、NATO軍の一員としてセルビア空爆作戦を実施していた米軍の爆撃機が、ベオグラードの中国大使館を誤爆する事件が起きたときも、中国は報復しませんでした。二〇〇一年には、海南島付近の上空で米偵察機が中国の戦闘機と衝突する事故が起き、中国人パイロットが死亡。北京は米軍偵察機の機体を接収し、乗組員を拘束しましたが、のちに機体返還で合意するなど、早期決着が図られました。

しかし、いまはアメリカの「この一線を越えたら」というレッドラインへの言及がまったくないので、中国は柔軟戦略で対応し、相手の出方をうかがっているというようにも思えます。

「相手に関与することは、相手を孤立させることよりも強い力だと私は信じている」。オバマ大統領が二〇一五年四月、ジャマイカでの演説で述べたアメリカ外交に関するオバマ・ドクトリンです。

アメリカの力を背景として相手の変化を促す外交政策ですが、ミャンマーの民主化やイランの核問題最終合意の枠組みづくりでは成果を上げたものの、ロシアのウクライナ介入・クリミア編入、「イスラム国」への対応などでは、その限界が明らかになっています。世界の警察官を標榜《ひょうぼう》した時代のアメリカとは違うのです。この政策が中国の対米戦略に影響を与えているのは事実でしょう。

二〇一六年が明けるとアメリカ国民の関心は大統領選挙に移るので、オバマ政権は事実上、レームダック状態に陥ります。次期大統領の政権が、少なくともオバマ政権より強硬な対中政策をとる可能性は大きく、中国にとっては自国が有利なうちに、実効支配の既成事実化を進めている、という見方ができるかもしれません。

AIIBの意図は「システム」による現状変更だ

そうした「力」による世界秩序の変更と並行して、もう一つ巧みな手段で中国は現状を変えようとしています。いわば、「システム」による現状変更といえるでしょう。南シナ海や尖閣諸島問題が前者なら、上海で二〇一四年に開催された「アジア相互信頼醸成措置会議（CICA）」において習近平国家主席が提唱した「アジア新安全観」は、後者の一つ。広義の「ソフトパワー」です。習主席は「相互信頼、相互利益、平等、協力」をテーマに「アジアの問題はアジア主導で解決すべきであり、アジアの安全保障もまずアジア諸国自身の協力強化を通じて実現すべきだし、それは完全に可能だとの声を共同で世界に発することを望んでいる」と説明しました。アメリカ主導の国際秩序に挑戦する姿勢を示したのです。

「新たな国際金融秩序」の構築という観点でいえば、中国主導で二〇一五年内に設立をめざすAIIB（アジアインフラ投資銀行）や、二〇一六年初頭までの運営開始をめざすBRICSによる新開発銀行が挙げられます。アメリカが戦後につくりあげたIMF（国際通貨基金）と世界銀行（WB）、基軸通貨ドルの金融秩序（ブレトンウッズ体制）とは別の、アジア中心の金融システムを構築し、金融秩序を主導するリーダー国をめざすわけです。

東アジア、アジア太平洋地域に政治・経済の重心がシフトしていることを考えると、アジアの新金融秩序が次の時代の国際標準にならないとも限りません。BRICS銀行はまだ構想段階ですが、新興国が相次いで自らが主導する金融システムの確立に動くのには、相応の理由があります。短期融資中心のIMFと、インフラ開発融資中心の世界銀行、日米が主導するアジア開発銀行（ADB）は、どちらも西欧先進国に有利な制度で、アメリカが実質的に拒否権をもち、日本を除いてアジア・南米の地位は絶対的に低いといわれています。世界銀行の総裁はアメリカ、IMFの専務理事は欧州出身者で占められてきました。IMFはアジア通貨危機に対して有効な手を打てず、危機を拡大させせました。

IMF・世界銀行に対して、加盟国の圧倒的多数を占める新興国・発展途上国は、各国の経済力を反映した改革を提案していますが、アメリカ議会の反対でいまだに実現していません。とくにインドを含むアジア地域では今後、数百兆円単位のインフラ需要が見込まれます。日本はIMF・世界銀行の出資額（クォータ）ともアメリカに次ぐ二位で、ADBのトップは日本人が務めています。

当初、AIIBには東アジア、東南アジア以外の国の参加はないと観測されていましたが、二〇一五年三月の創設メンバーの申請期限までに、ロシアや韓国に加えてイギリス、ドイツ、フランス、イタリアなどヨーロッパの主要国も参加を表明。最終的には五大陸五七カ国の国と地域が名乗りを上げました。

一方、アメリカと日本は、ガバナンスや出資の透明性に疑問があるとして参加を見送ります。その後、安倍首相はADBと連携し、アジアのインフラ整備に今後五年間で約一一〇〇億ドル（約一三兆二〇〇〇億円）を投じると表明しました。

中国はAIIBを設立し、最大の出資国となることで、アジアのインフラ整備市場を自国の経済成長に取り込もうという計算があるのでしょう。外貨準備高世界トップですから、数百億ドル単位の出資が問題になることはない。ただし中国人民銀行が二〇一五年四月に発表した三月末の外貨準備高は、三兆七三〇〇億ドル（約四四六兆円）と世界最大でしたが、約一年前に比べ、二六〇〇億ドル減少したと報じられています。

「一帯一路」構想とAIIBの密接な関係

中国が独自に創設した約四〇〇億ドルといわれる「シルクロード基金」の運用は二〇一四

年末に開始されました。二〇一三年秋に習近平政権が打ち出した「シルクロード経済ベルト」と「二十一世紀海上シルクロード」からなる「一帯一路」構想は、沿線国のインフラ整備が柱ですが、資金面では「シルクロード基金」との両輪であるAIIBも、その構想に密接に関係しています。二〇一五年四月十八日にアップされた『読売新聞』国際ニュースの記事を紹介しながら議論を進めましょう。

【北京＝竹腰雅彦】かつての陸と海のシルクロードを中心に巨大な経済圏の構築を目指す中国の「一帯一路」構想の輪郭が中国メディアの報道などで明らかになった。対象の「沿線国」は、中国主導で設立準備が進む国際金融機関「アジアインフラ投資銀行（AIIB）」の創設メンバー国をほぼ網羅しており、AIIBをテコに新経済圏を整備していく習近平政権の狙いが鮮明になっている。

「一帯一路」は大まかに、中国西部から中央アジアを経て欧州に達する「シルクロード経済ベルト（帯）」と、中国沿岸部から東南アジア、南アジア、中東・東アフリカを経て欧州に至る「21世紀海上シルクロード（路）」と説明されてきた。

習政権は3月末、構想が「全面推進段階に入った」と宣言し、共産党機関紙・人民

中国の唱える「真珠の首飾り」

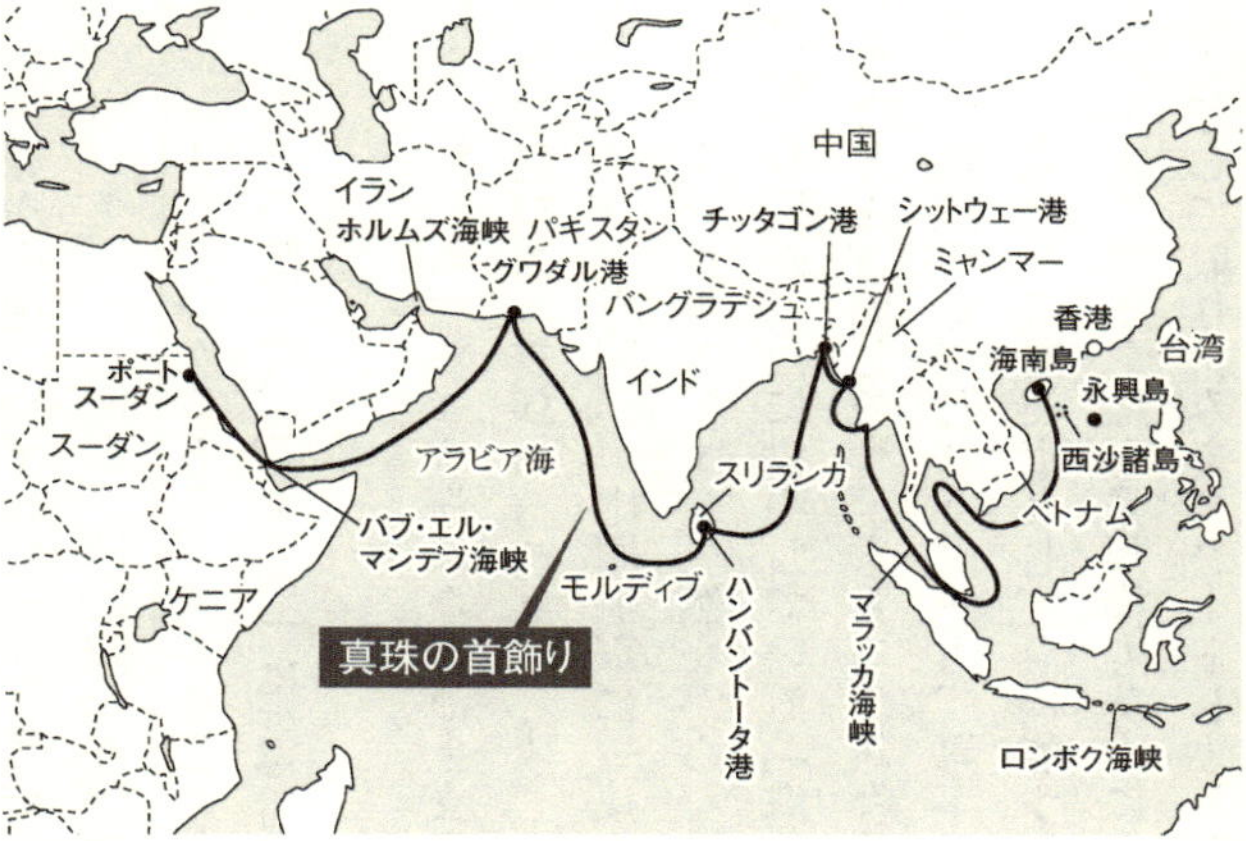

「シルクロード経済ベルト」と「21世紀海上シルクロード」

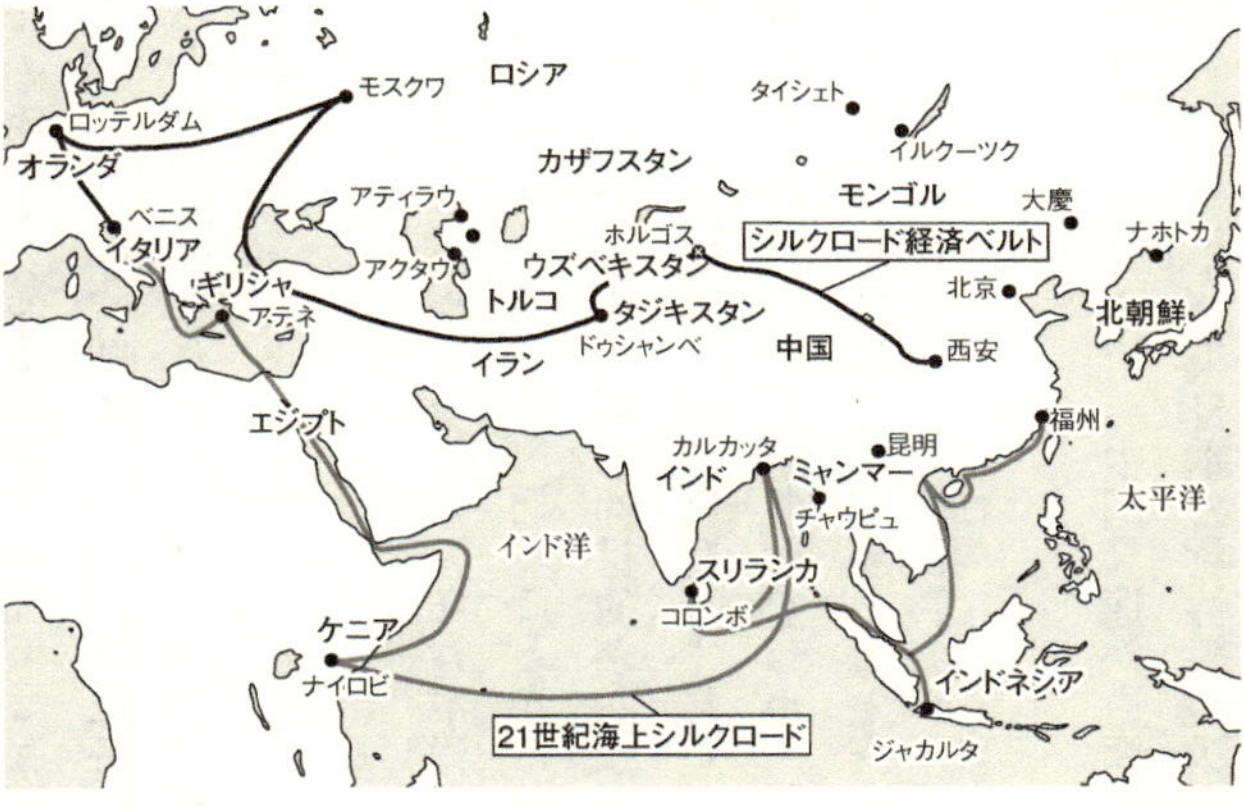

日報や中国中央テレビなど主要官製メディアがキャンペーン報道を展開。この中で、南シナ海から南太平洋に向かう海上ルートを加えたほか、陸ルートを三つに分けたイメージ図を公表した。ＡＩＩＢの創設メンバー57か国のうち、南アフリカやブラジルなどを除いて、「沿線国」にほぼ取り込まれる形だ。

南シナ海からマラッカ海峡など海上交通の要所にある港をつなぎながら、インド洋、アラビア海に延びる「真珠の首飾り」。インドと対立していたスリランカを通ることからわかるように、インドを囲み、中国海軍に一連の港湾アクセスを提供する軍事的目的があからさまなシーレーンルートです。当然ながら、インドをはじめ、海洋国は強く反発しました。

習近平政権が新たに提唱している「海上シルクロード」は、ルートが多少変わっただけで実体はほとんど同じです。もちろん新経済圏のもとで、平時には通常の交易・海上交通ルートとして機能するでしょう。一方、軍事的側面からみれば、いったん非常事態となると港湾施設は軍事上の戦略拠点としても機能することになります。

陸のシルクロードは事業規模も莫大になるでしょう。中国はまず「中国高速鉄道網」の拡大をめざして取り組みをスタートしました。これはもともとＪＲ東日本の新幹線の派生技術といわれていますが、中国独自の技術として大規模に展開していく計画のようです。これらを進めていくうえで、中国はＡＩＩＢ加盟国から、より透明性のある運営を求められていくのではないでしょうか。

非難だけでは実効支配を止められない

あるいは習近平国家主席がアメリカとの関係で打ち出した「新型の大国関係」も、システム変更の一つです。「中国、アメリカは対等だから、お互いを尊重して仲良くやろう」という米中関係の新提案といえます。

習主席が提唱する「新型の大国関係」は二〇一三年、カリフォルニアでの首脳会談において提唱された「衝突・対抗しない」「両国の核心的利益と重要な国益を含めた相互尊重」「ウィン・ウィンの協力」が基本概念となります。

中国はそれまで自国の「核心的利益」について、台湾、チベット、新疆だけを挙げていましたが、二〇一四年には「釣魚島（尖閣）は中国の核心的利益に含まれる」と中国外交部の報道官が発言しました。核心的利益に関する理解も、われわれとはまったく異なります。アメリカも中国に対し、まず大国としての役割と責任を果たすことが第一であり、実質的な協力を増やし、立場の違いに建設的に対処することを求めており、中国の概念を認めていません。

二〇一五年五月十六日、アメリカのケリー国務長官は中国の王毅外交部長との会見で、「中国の南シナ海での埋め立て作業の速度と規模に懸念を表明し、地域の緊張緩和に向けたいっそうの外交努力を求める」と発言しました。しかし、南シナ海の領有権問題について、国際法を無視する中国の一方的な行動をまずは強く非難すべきでなかったか、と私は思います。

その翌日、習近平国家主席はケリー国務長官と会談し、南シナ海問題について「すでに何度もいってきたことだが、広大な太平洋には中米二つの大国を受け入れる十分な空間がある」と述べたとの報道がありました。これは先述した「新型の大国関係」がまるで南シナ海では成立しているかのごとく、発言したのです。

しかし、そうした動きの一方で、潮目が変わりつつある部分もあります。

南シナ海は自由経済を基調とする戦後世界秩序のまさに象徴というべき海域で、長年その航行の自由を担保していたのは、フィリピンのスービック海軍基地とクラーク空軍基地における米軍のプレゼンスでした。なお対抗して、ソ連（ロシア）もベトナムからカムラン海軍基地を租借していました。

冷戦終結後の一九九一年には、米軍がフィリピンのクラーク空軍基地、一九九二年にはスービック海軍基地から引き揚げ、ロシア軍も二〇〇二年にカムラン海軍基地から撤退。その後、二〇〇〇年代前半までASEANと協調して南シナ海での軍事活動を控えていた中国は軍備増強を進め、二〇一〇年代に入って南シナ海に進出することになります。

一方で米軍はカムラン湾への艦船訪問を二〇一一年に実現し、二〇一四年にはフィリピン政府とのあいだで、約二十年ぶりに基地の共同使用や戦闘機配備などを認める新軍事協定に調印。米艦船による巡回配備を活発化させるなど、軍事協力を拡大する方向にあります。

アメリカのカーター国防長官は二〇一五年五月三十日、シンガポールのシャングリラ会合での演説で南シナ海問題に触れ、南シナ海が中国の内海になることへの強い危機感を表明しました。「埋め立て作業の進行と規模に、不測事態が発生する危険性を深く懸念している。米軍は世界中で行なっているように、国際法が許すすべての場所で飛行し、航行し、活動する。水面下の岩礁が飛行場に変わっても主権を有することにはならない」と指摘し、中国の領有権問題と軍事活動に釘を刺したのです。

同会合に参加した日本とオーストラリアの防衛相会談後の共同声明でも、中国の岩礁埋め立てに同様の懸念を表明しました。この声明に対して、中国軍の孫建国副総参謀長は日米の非難を相手にしない姿勢を鮮明にし、「島礁での建設は完全に主権の範囲内であり、合法で道理に適《かな》っている」、そして「主に駐在する人員の業務や生活条件を改善するものであり、軍事防衛の需要を満たすためである」と実効支配地域の拡大を否定する一方、「軍事目的である」ことを認めました。

もっとも、強い非難のシグナルを送るだけでは、南シナ海の航行の自由は数年のうちに奪われてしまいます。中国は南シナ海でのいっそうの実効支配の既成事実化を進めるでしょう。そして東シナ海と同様、近いうちに防空識別圏を設定するかもしれません。そうなると域内の航行の自由も阻害され、米軍をはじめ、関係国の平素の行動も制約されることになります。

二〇一五年四月には、十八年ぶりに日米ガイドラインが改定されました。そこには海洋安全保障も言及され、日米の協力が強調されています。日米安全保障協議委員会（2プラス2）の共同発表では、アメリカのアジア太平洋地域へのリバランス施策がこと細かに言及されています。とくに米海軍のP－8哨戒機の嘉手納《かでな》飛行場への配備、グローバル・ホーク無人機の三沢飛行場へのローテーション展開、二〇一七年の米海兵隊F－35戦闘機の日本配備などは大きな抑止力になります。同時に日本も新しいガイドラインに沿って、具体的な行動が検討されていくことになると思います。

時間はかかる問題ですが、アジア諸国に対する戦略的な能力構築支援を推進していくことが必要です。海上の安定に資する巡視艇の供与や、警戒監視能力の向上のための哨戒機やレーダーなどの提供は、その有効な一例になるでしょう。

第3章

軍事的視点から読み解く極東のパワーバランス

情勢見積りの基本は「相手の立場」に立つこと

日本を取り巻く安全保障環境が、いまからそれほど遡ることのない時代からみても、大きく変わったことをお伝えしてきました。しかし、それでも日々の生活のなかで、あえていえば「軍事的な視点」をもって世の中の動きをみることは、なかなか簡単ではないでしょう。まさにそうした視点に則り、自衛官として国を守るという使命を私は全うしてきたつもりですが、本章ではそうした視点で日本を取り囲む最新の東アジア情勢をみたとき、どのような風景がみえてくるのか、ということをお話ししてみたいと思います。

自衛隊は有事を想定した実戦訓練を平時に行なう組織で、その訓練の中核が指揮官の行なう状況に応じた決断と、スタッフである幕僚の行なう人事・情報・作戦・兵站《へいたん》などの分野ごとの見積りです。そのなかでとくに重要な情報見積りとは、相手の戦力や展開状況などの兆候や、目的・意図などの戦術的・戦略的妥当性から、どのような軍事活動の可能性があるかを想定することです。

情報見積りの基本は、つねに相手の立場になって考えることです。自分に都合のよい見積りは、作戦の失敗のもとです。戦略レベルの情勢見積りになると、相手の指導者の生い立ちや性格、考え方といった情報も、見積りの要素となります。これらの情報見積りなどを踏まえ、部隊の指揮官は任務を確実に遂行するための作戦を立てるのです。ビジネスの世界でいえば、戦場を「市場」、相手を「競合他社」、作戦を「自社の戦略・オプション」と考えてもよいでしょう。

日本から中国をみた地図

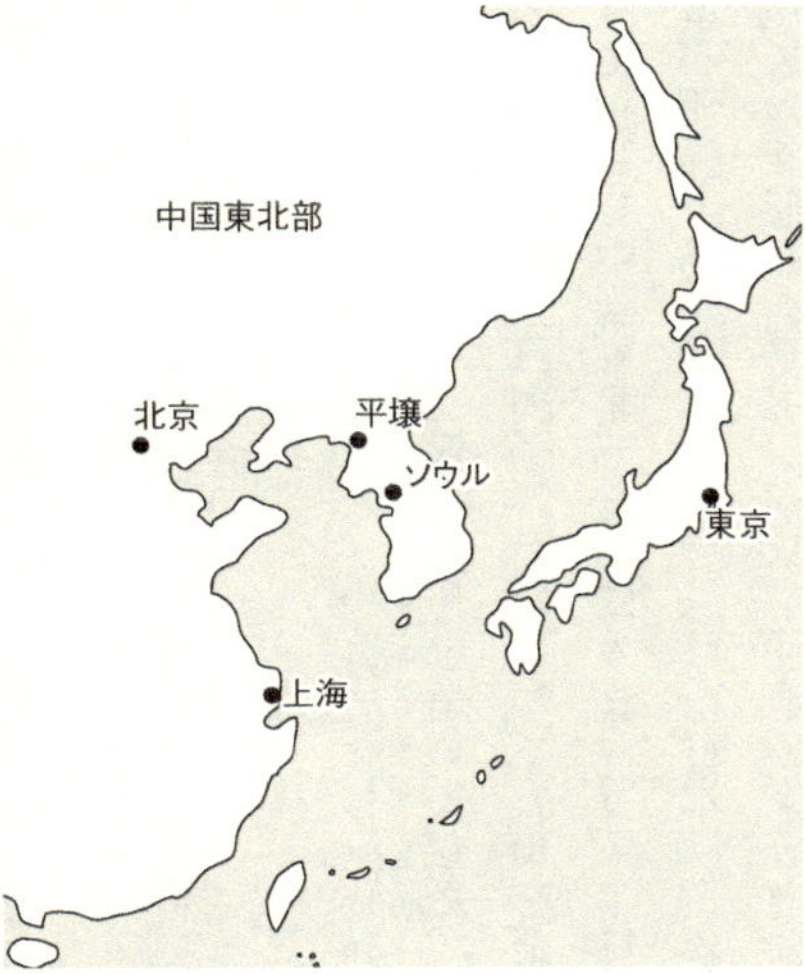

基本形の情報見積りとしてたとえば、中国の海洋進出を相手の立場に立って考える場合、中国側からみた狭義の東アジア地図がたいへん役立ちます。日本人が中国の戦略を語るとき、日本側からみた東アジアをイメージしているので、日本から中国をみた地図が普通でしょう。しかしこうした見方では、中国の戦略も、東アジア情勢も正確にとらえることは難しいのではないかと思います。

東アジアの位置関係をみて真っ先に感じるのは、大陸における中国東北部の重要性です。戦前の日本がとった戦略で、もちろん戦前の軍国主義や中国進出を肯定するつもりはまったくありませんが、地政学的にはこの地域を押さえることに軍事的・経済的メリットがありました。

歴史的な経緯を振り返ると、日清戦争に勝利した日本は朝鮮半島に対する優先権を得て、まずは併合ではなく、保護国化を進めました。一方、清から割譲された遼東半島は、ロシアなどのいわゆる「三国干渉」によって放棄を余儀なくされます。そのロシアは義和団の乱の混乱に乗じて中国東北部を手に入れ、遼東半島への鉄道建設に乗り出します。ロシアの南下政策が朝鮮半島に及ぶことを恐れた日本は、ロシアの中国大陸権益独占を防ぎたい同盟国イギリスの支援もあり、シベリア鉄道の完成前に日露戦争に踏み切ります。

日露戦争の勝利で中国東北部の権益を得た日本は、大陸に進出していきます。日本としては朝鮮半島から中国東北部にかけて防衛ラインを引くことができ、日本海を聖域化できると同時に、列強の南下に対する抑えが効くことから南方へ出ていく起点にもなります。ところが、そこから大陸の権益を狙う欧米列強と、肥沃な土地と豊かな鉱物資源のある東北部を開発して国力を増大しようとする日本との確執が生じ、それがやがて、日中戦争、太平洋戦争の引き金となるのです。現在、中国がこれだけ海洋進出に注力できる背景には、二〇〇四年に中露の国境が画定し、北からの脅威が薄れたことが挙げられます。万里の長城の例を持ち出すまでもなく、北方からの侵入は歴代王朝にとって最大の不安定要因でしたし、実際、元や清は北方からの侵入者として、新たな王朝を建てました。

第二次世界大戦後、高度経済成長期から二〇〇〇年代半ばまで、日本が東アジア最大の経済大国だった時代には、東京から中国大陸をみる視点が一般的だったと思います。しかし現在、その立場は逆転しつつある。片側だけからの情報見積りは判断を誤るもとですし、国防に関していえば、中国側からの視点なき情勢判断では対処すらできないでしょう。

「中国から日本をみた地図」は何を教えるのか

中国側から日本をみた地図は、東アジアの軍事的・経済的な主導国側からみるという意味でも、国防にとって重要です。この地図をみると、北海道から本州、南西諸島まで横に長い日本列島の存在が、太平洋進出の妨げになっていることが一目瞭然でしょう。中国は東シナ海沿いに長大な海岸線をもっていますが、朝鮮半島、九州、南西諸島、台湾、フィリピンによって、外洋への出口を塞がれています。大陸国の中国が自国の領海から北太平洋と西太平洋、そしてインド洋に出るには、他国の領海をかすめるような海路を通って出るよりほかにありません。地理的制約による宿命です。

外洋進出ルートは大きく三方向あり、さらに二〇一五年二月十六日付の『産経新聞』は、中国国営通信系週刊紙の記事をもとに「中国が意識する『九つの出口』」として、以下のルートを挙げています（九九ページの地図参照）。

北方の①日本海から宗谷・津軽海峡を通って北太平洋に出るルート、②～⑤の東シナ海から大隅《おおすみ》海峡、トカラ海峡、宮古海峡、与那国西海峡と南西諸島のあいだを抜けて西太平洋に出るルート、⑥の東シナ海から台湾海峡を通り、台湾とフィリピンのあいだのバシー海峡やバリンタン海峡を抜けて西太平洋に出るルート、そして⑦～⑨の南シナ海からシンガポール海峡とマラッカ海峡、スンダ海峡、ミンドロ海峡とマカッサル海峡にロンボク海峡を通って、インド洋に出る南シナ海ルートです。

台湾海峡を通るルートでは、一九九六年に台湾周辺で中国がミサイル試射を行なった「台湾危機」があり、中国が南シナ海で傍若無人な振る舞いをみせていることは、先述したとおりです。日本の周辺海域を通る①～⑤のルート周辺でも、中国海軍の積極的な活動・演習が

中国から日本をみた地図

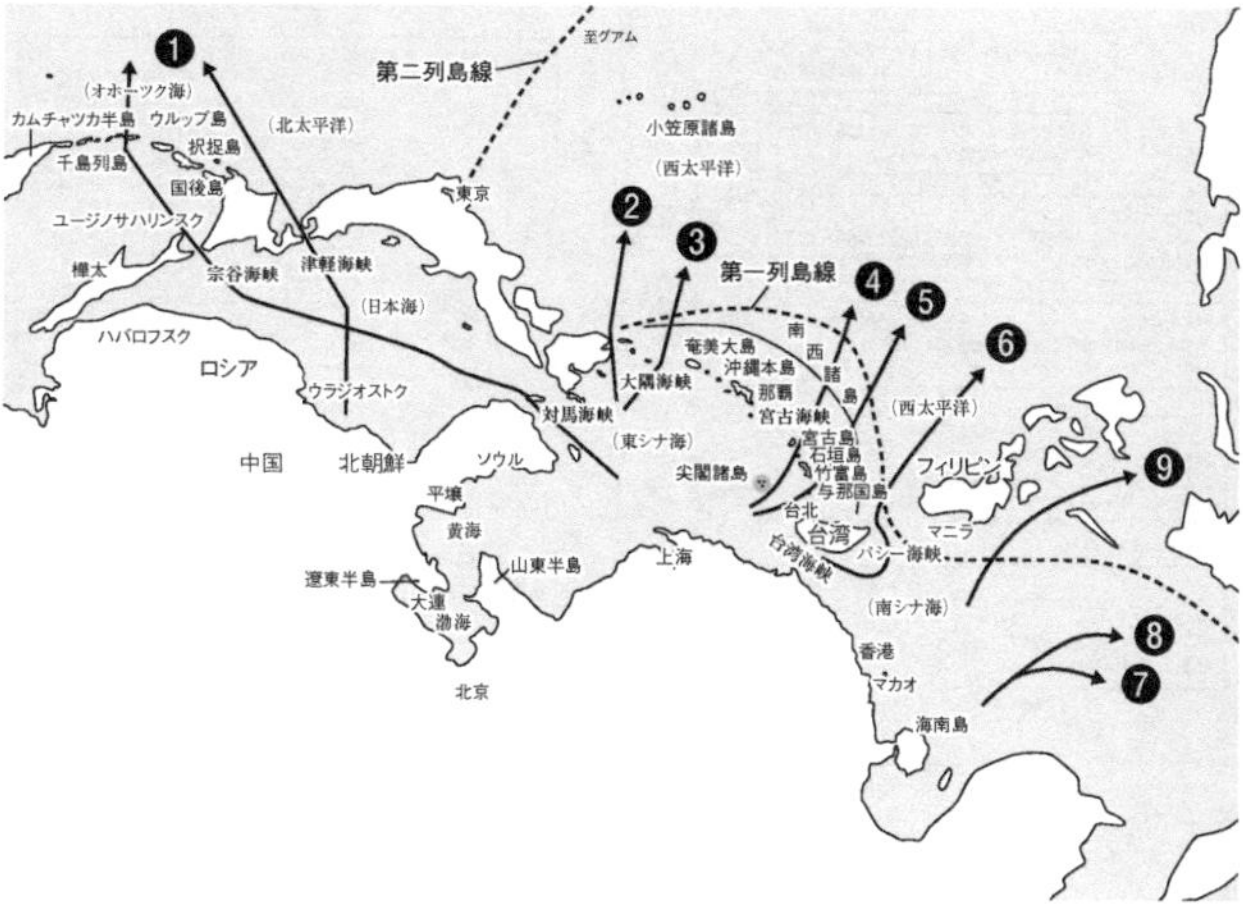

目立ちます。また、小笠原諸島や沖ノ鳥島付近まで拡大した中国海軍や公船、漁船の航行範囲と連携するかたちで、二〇一五年五月には中国国防部が、同国空軍機が宮古海峡上空を抜け、西太平洋上空で初の遠洋訓練を行なって帰還したと発表しました。五月二十二日の『朝日新聞』デジタルは、「中国空軍が訓練内容を独自に公表するのは異例で、沖縄から台湾、フィリピンを結ぶ『第1列島線』を超えて制空権の拡大をはかる姿勢と能力をアピールする狙いがあるとみられる」と報じています。

太平洋の自由な出入りと航行の確保に適した南西諸島四ルートは、中国の外洋進出にとってとくに重要で、なかでも最も幅広くて航

わが国周辺海域における最近の中国の活動（航跡はイメージ）

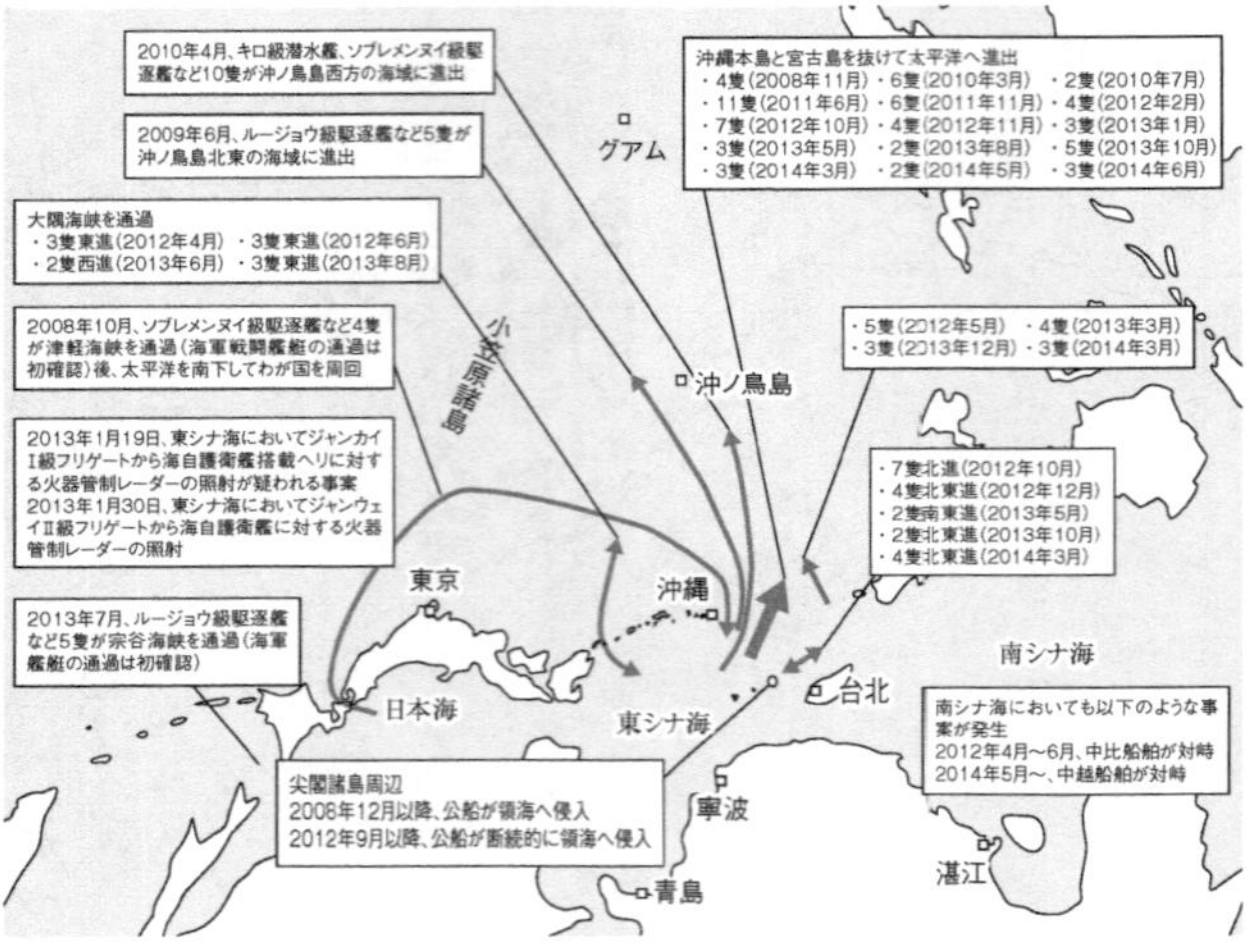

出所：『防衛白書』（平成26年版）

行しやすい宮古海峡の存在価値は大きいものがあります。軍事オプションの選択肢も大幅に広がります。東シナ海の端に位置する南西諸島海域の水深は、中国沿岸から延々と延びる大陸棚の部分が二〇〇メートル程度と浅い半面、太平洋側は一転して世界でも有数の深さがあります。水深の浅い東シナ海では、潜水艦の発見・追跡は比較的、容易です。しかし太平洋の深い海は、核戦力でアメリカに劣る中国の対抗策として有効な核弾道ミサイル（ＳＬＢＭ）を搭載した原子力潜水艦が潜航して米本土に近づくのにもってこいの海域です。射程八〇〇〇キロといわれる中国のＳＬＢＭで、首都ワシントンをはじめ、東海岸の大都市も狙える態勢ができます。

そうした可能性を考慮すると、中国による尖閣諸島の支配は、太平洋進出はおろか、南西諸島の実質的支配はいうに及ばず、東アジアの軍事的支配への一里塚となる可能性があるでしょう。「まさに尖閣諸島は中国の戦略上の核心的利益」です。

核心的利益を確実にするため、中国は尖閣諸島まで約三〇〇キロ、沖縄本島よりも尖閣に約一〇〇キロ近い中国浙江省の南麂《なんき》島の要塞化を着々と進行中で、すでに空軍の最新鋭レーダーが設置され、島の高台にはヘリポートが完成間近で、滑走路建設の計画もあると報道されました。二〇一五年六月には、中国の沿岸主要都市のなかで尖閣諸島まで最も近い浙江省温州市に、中国海警局が大型基地を建設することが明らかになり、中国側も事実としてそれを認めたようです。尖閣諸島はもちろん、中国の将来の東シナ海全体に対する取り組みの兆候ともいえるでしょう。

「チョークポイント」をめぐる攻防

先に挙げた九つのルートの多くには、シーレーン防衛の要衝となる「チョークポイント」

が含まれています。チョークポイントとは、マラッカ海峡やスエズ運河、ホルムズ海峡といった海上交通量の多い狭隘《きょうあい》な海峡のような場所を指し、地政学上の重要地域にある良港も、チョークポイントのような役割を果たします。一万数千キロに及ぶシーレーン防衛では、船団護送は困難ですから、チョークポイントを押さえることは絶対条件です。

シーレーンの安全航行は海洋国にとって死活問題であり、貿易相手国との経済交流は相互依存関係の構築に不可欠になります。そして国際公共財であるシーレーンの安全を保障することは、海洋関係国の責務といえるでしょう。いまはアメリカが主体となって、安全を保障しています。同時に、戦略拠点に置かれた良港は、米軍の海外展開を支える軍事支援基地でもあります。中東・アフリカから中国に至るシーレーンを事実上守っているのは現海洋覇権国のアメリカです。一方、自国の生命線であるシーレーン防衛について敵対するかもしれない他国に依存している状態は、安全保障上の不安の種といえるでしょう。中国指導部が現状を打破したいと考えるのは、当然といえば当然です。

もし仮にチョークポイントで海上封鎖が起きたり、特定の国に対して通航が制限されたりすれば、エネルギーはたちまち逼迫《ひっぱく》し、ルートを迂回するなどの対応による損失が発生します。国家にとっての死活問題です。インドを包囲しながらシーレーンと多くのルートが重な

シーレーンとチョークポイント

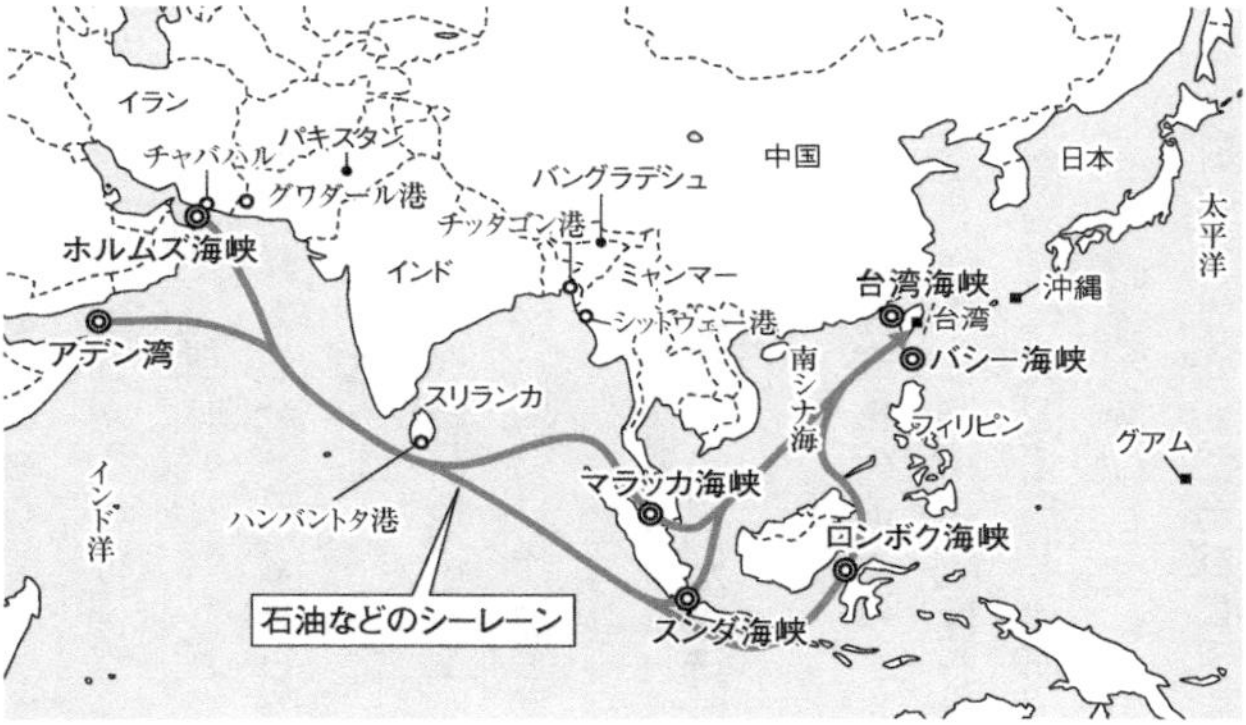

る「真珠の首飾り」戦略は、台頭する中国のシステムによる現状変更の一環といえるでしょう。

一方、日本にとってもインド洋と南シナ海を結ぶマラッカ海峡や、その迂回ルートであるスンダ海峡とロンボク海峡、南シナ海と太平洋・東シナ海を結ぶバシー海峡、台湾海峡や宮古海峡のチョークポイントを中国に押さえられることは、国家の死活問題です。

日米はリベラルな民主主義の価値観を共有し、アジア太平洋が広く受け入れられたルールや国際法を尊重することで平和で安定すること、そして開放的で繁栄した地域にすることという共通の目標があり、その恩恵に浴しています。シーレーンのチョークポイントが、領土問題を抱え、価値観を異にする中国の影響下に置かれる事態は避けなくてはなりません。

中国のチョークポイントに対する影響力を減らし、

国の安定と繁栄を守るためには、尖閣諸島を含めた南西諸島の防衛力強化が必要です。とくに陸上自衛隊の配備がない沖縄本島以西の島嶼防衛力の強化は、喫緊の課題でした。

日本最西端の与那国島では、陸上自衛隊の沿岸監視部隊を二〇一七年春に配置するための工事が着工されました。平素からの警戒監視、情報収集、事態発生時の迅速な対応に欠かせない態勢づくりが進みます。また、南西諸島などの上空を監視する早期警戒機を有する飛行隊が、航空自衛隊那覇基地に新編成されました。那覇基地にはさらに二〇一六年春、航空自衛隊F－15部隊が二個飛行隊に増勢される予定です。

台湾にかかる東アジアの海洋覇権の命運

東アジアの海洋覇権の命運は、東・南シナ海、そして台湾にかかっています。中国にとって台湾は、共産党体制の正統性を主張するうえで、絶対に譲れない核心的利益の中心です。また、地勢的には尖閣諸島と並ぶ、太平洋への出口を制する最大の要衝ですから、日本が実効支配し、施政権を確保している尖閣諸島、続いて南西諸島への中国の影響力が強くなれば、アメリカ海軍が台湾海峡に入りづらくなります。そして中国が台湾を完全に影響下に置くと、南シナ海への北の出入り口が押さえられ、アメリカ艦隊は北方から南シナ海に入るのも困難になり、南シナ海は自ずと中国の海になっていくように思います。

台湾から始まって、続いて南シナ海が中国の支配海域となり、その後、尖閣、南西諸島、東シナ海、最終的には西太平洋に進出した中国の影響力が東アジア全体に及ぶ。順番は逆でも帰結は同じというシナリオも十分、想定できます。

アメリカと台湾には一九七九年に締結した「台湾関係法」により、事実上の軍事同盟が成立しています。台湾海峡と台湾の現状は、この軍事同盟にあるアメリカの防衛義務を定めた「台湾条項」によって維持されてきました。

しかし、アメリカにはジレンマがあります。防衛義務を果たすために、たとえば最新鋭戦闘機を台湾が購入して配備したり、新装備を使って演習したりすると、「一国二制度」を宣言している中国は当然、反発します。事態の抑止ではなく、むしろエスカレートさせかねないというジレンマがあって、思い切った軍事力増強が果たせない状況が続いてきたのです。その結果、台湾正面の装備を近代化した中国軍との均衡が崩れ、中国にそうとう傾いています。

こうした情勢判断から、アメリカのごく一部からは「台湾放棄論」も出てきているようですが、朝鮮戦争勃発の教訓に学んでいないのでしょうか。

一九五〇年一月十二日、アチソン米国務長官が「アメリカが責任をもつ防衛ラインは、フィリピン、沖縄、日本、アリューシャン列島までである。それ以外の地域は責任をもたない」と不用意な発言をしました。発言の真意はアメリカの国防政策において「西太平洋の制海権だけは絶対に渡さない」という意味で、守らないと断言したわけではありません。しかし、極東の米軍を統括する連合国軍最高司令官ダグラス・マッカーサーは、朝鮮半島に一度しか足を運んでいませんでした。

それを金日成《キムイルソン》は「アメリカによる西側陣営の南半部（韓国）放棄」と受け取り、六月二十五日に三八度線を越えて侵攻しました。朝鮮戦争の勃発です。

アメリカの「台湾放棄論」が台湾人を不安にさせ、社会の混乱が台湾にとっては偶発的、中国にとっては計画的な武力衝突に発展してはなりません。中国にとって核心的利益の台湾を手に入れれば、台湾のリベラルな民主主義は息絶えるでしょう。南シナ海から東シナ海のチョークポイントを握った中国は、シーレーンを通過する日本のタンカーや船舶の航行にも圧力をかけることが可能になるのです。

さらに、中国は第二列島線まで進出し、グアムなどのマリアナ諸島まで影響を及ぼすことができるようになります。核弾道ミサイルを積んだ原子力潜水艦を使って、アメリカにさらなる圧力をかけたりできるようになるかもしれません。要するに、アメリカは西太平洋の絶対的であった海洋覇権を失うことになるのです。

東日本大震災の義援金が二〇〇億円と、世界最多の金額を寄付してくれたのは台湾です。世界有数の親日国で、同じ価値観を共有する国ですから、中国の支配国となる事態は日本の国益、世界の秩序を守るためにも回避すべき事態であるのは間違いありません。政府間の日台関係も深めていくべきですが、中国が正統政府である以上、外交の正式ルートにはなかなか乗せられません。

軍隊同士、つまり自衛隊と台湾軍の交流も当然できず、もちろん台湾有事の際に日本が駆けつけるわけにもいきません。周辺事態として認定されれば、沖縄や九州の基地から出動する在日米軍を、国内で後方支援するというかたちをとらざるをえないでしょう。限られた軍事情報も非政府組織の連絡機関を通じて得る、あるいは後方支援を通じて米軍から情報をもらうことになります。難しい立場ではありますが、なんらかの交流の場はもっておきたいものです。たとえばシンガポール軍は、台湾との交流を継続しています。彼らは台湾に軍の装備を置き、いつでも演習場を使えるようにしています。

ただし各種調査をみると、台湾の人たちが望んでいる体制は、あくまで現状維持です。独立でも中国化でもないので、われわれが中国との対立を煽《あお》るようなことをする必要はありません。中国は長期戦略の国ですから、台湾有事を起こすということではなく、平和裏に中国化する選択肢も可能性としては排除できないと思います。中国本土から台湾に嫁ぐ中国人女性が大勢いるそうで、そうするといずれ本省人が少数派になって、中国人が多数派になります。クリミア方式のように住民投票で中国になる方法もあれば、中国の制度に倣《なら》う、あるいは台湾自治州として中国化していくのかもしれません。中国にとっては現体制さえ維持していれば、あとは時間が問題を解決してくれるという考え方もあるのです。

朝鮮半島有事が発生、そのとき日本は……

もう一度、この章のはじめに紹介した地図に戻りましょう。その地図の日中間の真ん中には、朝鮮半島があります。この位置関係は不変ですから、朝鮮半島が安定していると、東アジアの安定度が増し、その不安定度が高まると、全体の緊張感が増す。これが基本的な構図です。

日韓関係については、先にハイチPKOにおける共同作業を例に挙げましたが、私が統幕長のときまでは、非常に良好でした。政府間では、秘密軍事情報を二国間で提供し合う際に第三国への漏洩を防ぐ協定である「GSOMIA（軍事情報包括保護協定）」締結に向けた交渉もスムーズに進み、二〇一二年六月二十九日の締結で、交渉はまとまっていました。

ところが締結予定時刻の数時間前になって、韓国側から突然、一方的に延期を通告されました。韓国政府とは秘密裏に交渉を行なっていたのですが、締結前になって協定の存在を知らされた韓国国民の強い反対運動が起き、直前で延期を決定したようです。

一時延期で仕切り直しかと思っていたら、八月の李明博大統領による竹島上陸で日韓関係が急激に悪化し、協定締結は無期延期になったまま、現在にまで至ります。もともと軍との関係は良好だったとはいえ、歴史問題はくすぶっていたので、その後は日韓、日米韓の会談ではいま思い起こせば、お互いに少々気を遣っていたのかもしれません。日韓ACSA（物品役務相互提供協定）もスムーズに話がまとまるはずでしたが、竹島問題と慰安婦問題を理由に軍事交流、軍人同士の交流も途絶えてしまいました。しかし、時の政権によって日本への対応が異なることもあり、日韓関係には波があります。悪くなるばかりではないと信じています。

二〇一二年に金正恩《キムジョンウン》体制へ移行した北朝鮮は、核開発・弾道ミサイルの能力増強や挑発行為を繰り返すなど、地域の緊張をいっそう増大させています。とくにアメリカ本土を射程に含む弾道ミサイルの開発、核兵器の小型化・弾道ミサイル搭載への試みは、脅威を質的に深刻化させました。

二〇一三年には、朝鮮戦争休戦協定の白紙化、核施設再稼働の表明、開城《ケソン》工業団地の操業停止（五カ月後に再開合意）など、金正恩の権力基盤を確立することを狙いとしたとみられる際立った挑発的発言が多くみられ、周辺国に緊張を与えています。国内でも最近では、金正恩の多くの側近の更迭・粛清が行なわれ、恐怖政治により、不信と反感が広がっているともいわれます。

二〇一四年三月には、オランダで行なわれた日米韓首脳会談に合わせたとみられるタイミングで、朝鮮半島の東海岸ではなく平壌北方から初めて、移動式車載装置に搭載した「ノドン」とみられる中距離弾道ミサイルが発射されました。車載化により位置の特定などがより困難になり、脅威がさらに高まったことを意味します。

二〇一五年五月には、新型潜水艦からの弾道ミサイル発射実験が行なわれ、初期段階だが成功した、との報道がありました。さらに北朝鮮が保有する核の管理は、東アジアの安全保障における最大の課題です。いずれにしても北朝鮮が、東アジアで最も不透明・不安定な国であることは間違いありません。

朝鮮半島有事の場合、周辺事態として認定されれば、作戦を行なう米軍を後方支援などで支えるのが日本です。こうした役割分担は、一九九七年改定の日米ガイドライン、そして一九九九年に公布された「周辺事態安全確保法」で明確になりました。安保法制においては「重要影響事態安全確保法」としての概念になります。日本の防衛という観点では、北朝鮮のミサイル攻撃に対するＢＭＤ（弾道ミサイル防衛）に、日米共同で対応します。

延坪島砲撃事件で米軍がはたした役割

統幕長時代、朝鮮半島が「東アジアの火薬庫」であることを再認識する事件が発生しました。二〇一〇年十一月二十三日に北方限界線（ＮＬＬ）を越えた大延坪島《テヨンピョンド》近海で起きた北朝鮮軍と韓国軍による砲撃戦と、その後、一触即発にまで両国の緊張が高まった延坪島砲撃事件です。

映像をみただけで、極度の緊張に襲われました。韓国軍の中隊が月に一度の陸海合同射撃訓練を行なっている最中、北朝鮮軍が砲弾一七〇発を島に向けて放ったのです。当然、韓国軍は撃ち返します。韓国軍の合同参謀本部はただちに非常事態警報を発令し、金滉植《キムファンシク》国務総理は全公務員に対して非常待機命令を出しました。民間人の死者も出て、両軍がエスカレートしていくのか、自制できるのか、先の読めない状況でした。

両国の緊張が高まった理由の一つは、その八カ月前に起きた事件の記憶が残っていたことです。現場に近い北方限界線のすぐ南にある白翎島《ペンニョンド》近くで、韓国の大型哨戒艦「天安」が爆発・沈没しました。北朝鮮潜水艦の魚雷攻撃が沈没の理由とされています。同年十月にアジア太平洋諸国参謀総長等会議がソウルで開催され、被害にあった艦艇をみてきました。凄まじい破壊力で、魚雷攻撃を受けたのは明らかでした。その事件が片づかないうちに、より大規模な発砲が映像で確認できるところで発生したのです。

アメリカは即座に行動を開始します。事件翌日には横須賀基地から出港していた空母ジョージ・ワシントンを現場に近い黄海に移動させ、同空母を中心とした演習を行ないました。韓国を防衛するアメリカの確固たる意思を示して対北朝鮮の示威行動に加わると同時に、中国に対しては北朝鮮に国際規範を守る行動をとるように交渉を促すメッセージを発したのです。朝鮮戦争は休戦中で、米韓軍の戦時作戦統制権は米軍が握っていますが、平時の北朝鮮

北朝鮮の砲撃で煙を上げる韓国西方沖の延坪島（写真提供：AFP＝時事）

対応の主体は、あくまでも韓国です。

米軍の行動と、韓国軍の一連の反応をみていて、米軍がこの地域に駐留している重み、軍隊のプレゼンスがエスカレーションを抑制したことを肌で感じました。もしそこに米軍がいなければ、さらに大規模な武力衝突が起こりえても、不思議ではなかったでしょう。

一九九六年には、韓国内に侵入していた工作員を回収に来た北朝鮮の特殊潜水艦が座礁。帰国手段を失った乗組員と工作員が逃亡・潜伏するという、いわゆる武装ゲリラ侵入事件があり、韓国は一カ月以上にわたって約二万五〇〇〇人の軍や警察などを動員し、掃討作戦を行ないました。こと朝鮮半島に関しては、いつ何が起きてもおかしくない。そう考えておくべきだと肝に銘じるようになった事件でした。

中国が注視する「北極海航路」の可能性

ここまで中国側からみた地図の右側（南方）中心に述べてきましたが、北方における中国とロシアの脅威が去ったわけではありません。

中国が日本海から津軽海峡・宗谷海峡を抜けて北太平洋に出るルートは、経済・軍事の両面において重要な海峡です。中国は日本海沿岸の港湾都市で、北朝鮮とロシアとの国境にある羅津《ラジン》港の使用権を北朝鮮から獲得しています。中国側は否定していますが、二〇一一年には「中国軍が進駐」と報道され、軍港を兼ねる可能性を残しています。軍事的にはやはり弾道ミサイルを搭載した原子力潜水艦（SSBN）の運用海域として北太平洋に進出する必要があり、北太平洋と太平洋、南シナ海の三海域でのSSBN運用が現実味を帯びてきました。

北極海には地球全体の石油の一三%、天然ガスの三〇%の推定埋蔵量がある、といわれています。このエネルギー資源の確保に加え、中国が北方を注視する経済面の動機は、「北極海航路」という新たな航路の存在です。北極海航路は一般的に、東アジアからシベリア沖の

「北極海航路」と従来の欧米航路の航行距離

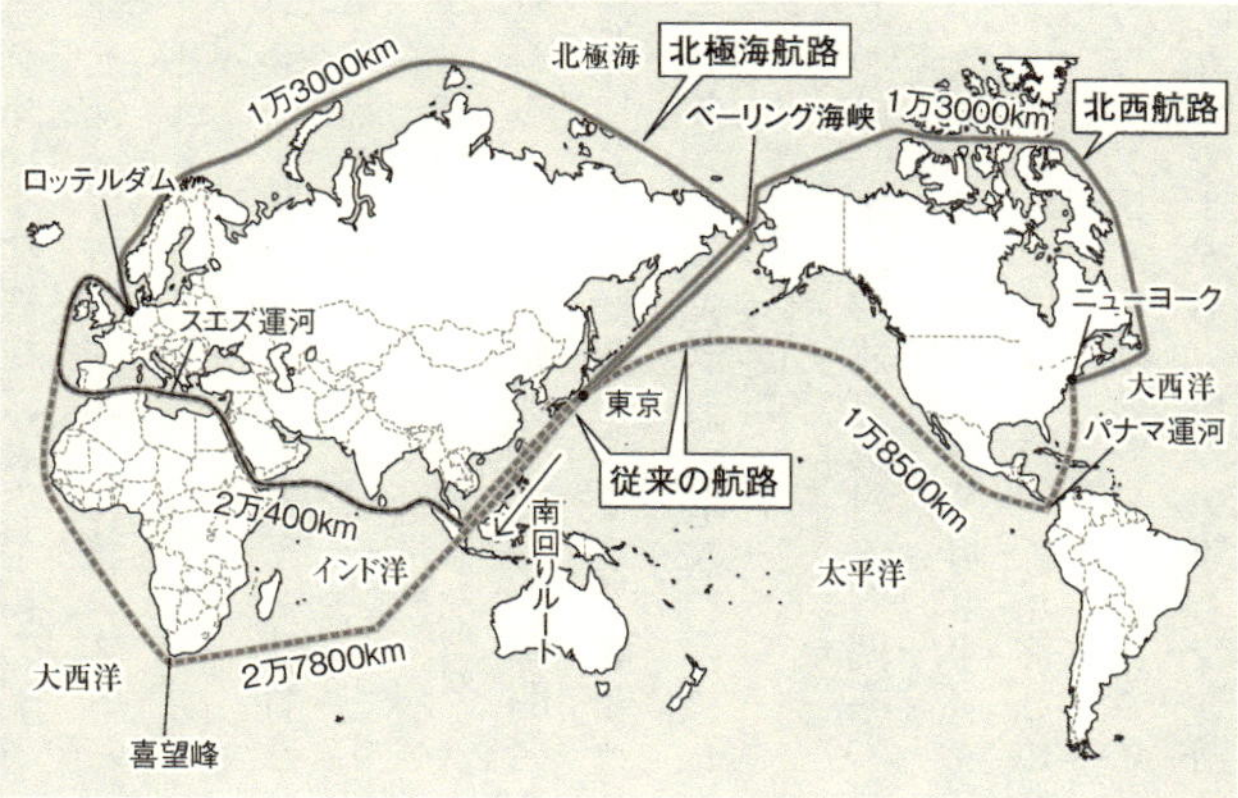

北極海を通航してヨーロッパに至るルートを指し、カナダの沖合からアメリカ東海岸に達するルートは「北西航路」と呼んで区別されます。厚い氷が海面を覆っているため、民間商船による海上輸送は困難とされてきました。しかし地球温暖化で氷が減ったことから、夏季の数カ月間に限って通航が可能になったのです。そして中国にとっては、対馬海峡と津軽海峡を通って、ベーリング海峡を抜けるのが中国沿岸部と北極海を結ぶ最短ルートです。

　北極海航路の開発は二十世紀終盤に遡りますが、冷戦時代、厚い氷に覆われた北極海の海域では、米ソの原子力潜水艦が軍事作戦を競い合っていました。民間人の立ち入りが厳しく制限されていたため、当時は実現に至らなかったのです。北極海航路は冷戦終結による平和の配当の一つといえるでしょう。

海上輸送日数の短縮と運航コストの削減が最大の魅力で、現行の南回りルートの四十日に対して三十日、二〜三割のコスト削減が可能と試算されています。またスエズ運河を通る南回りルートの場合、海賊やテロ事件などが発生してスエズ運河を迂回すると、南アフリカの喜望峰経由となって五十日を要します。北極海航路には冷戦後の不安定要因からくるリスクがありません。

もちろん、日本にとっても資源開発と航路使用が進めば、エネルギー調達の分散化を図ることでリスクが軽減できます。商船三井は北極海航路を経由して、ロシアのヤマル半島で二〇一八年から生産されるＬＮＧ（液化天然ガス）を、ヨーロッパや東アジアの国に定期輸送すると発表しました。

じつは、中国の北方に対する関心の高まりを最も警戒していたのが、ほかでもないロシアでした。ロシアは二〇一〇年に択捉《えとろふ》島で大規模な軍事演習を行ない、同年十一月にメドベージェフ大統領がロシアの国家元首として初めて、国後《くなしり》島を訪問したのです。

フランス海軍の排水量約二万トンのミストラル級強襲揚陸艦導入を交渉しはじめたのが二〇〇九年ですから、ロシア軍もソ連解体後の混乱、困窮の時代を乗り越えて復活してきたころです。ソ連崩壊後の混乱、困窮はひどいもので、軍人に給料も払えず、ガスも水道も使えそうにないような官舎をあてがって、現物支給する有様でした。国家社会主義からの大転換ですから、国家も、国民もすぐには対応できなかったのは無理もありません。

その後、エネルギー輸出で財政が豊かになり、統合運用部門をつくって軍を再編したり、統合運用能力を高めるための近代化を図る改革に取り組み、現在ではある程度、整理がついた状態といえるでしょう。

ロシアは歴史的にヨーロッパ正面を重視する国ですが、国家の主要な収入源であるエネルギーの開発・販売となると、極東や北方領土を開発する必要があり、エネルギー需要が伸びている国に売るのが得策です。そう考えれば今後の北方領土開発を含めたエネルギー戦略、経済成長が期待されるアジア戦略を強く意識して、ヨーロッパからアジアへリバランスしたのではないか、と思います。

そのミストラル級強襲揚陸艦は、一隻がウラジオストクに配備される予定でしたが、その後のウクライナ問題を受け、フランスが引き渡しの延期を決めていました。最近のロシアの報道では、最終的に契約は破棄されたようです。もし配備されれば、極東地域の軍事バランスにも影響するところでした。

日本領空に接近したスクランブル発進は一九八四年度の九四四回が最多で、そのほとんどはソ連機対応でした。ソ連の国力衰退とともに回数が減りつづけていましたが、二〇一四年度は九四三回と、ピーク時に匹敵する回数になり、その約半数はロシア機対応です。ちなみに中国機に対するスクランブル発進は前年比一〇％増の四六四回。回数は右肩上がりで伸びていますが、中国機の飛行パターンをみると、東シナ海を中心としてたまに沖縄・宮古間を抜けて太平洋に出るという、比較的地域の限定された飛行パターンになっています。

一方、ロシア機の場合、北海道周辺地域が多いものの、日本海、あるいは日本全体を周回することもたびたびあります。両国の航空機の運用目的は別としても、ロシアと中国ではまだ航空機の航空管制能力やパイロットの能力、経験が違うといってよいでしょう。国際法の認識についても、ロシア軍のほうがまだ優れているといえます。そういう意味では中国に比べて〝大人の国〟といえるでしょうか。

「中露は恋愛ごっこに興じても結婚はできない」

つまり、ロシアのアジアリバランスは対中戦略でもあったわけですが、現状においては一歩後退、といえるかもしれません。その理由は、ロシアがグルジア紛争とウクライナ問題で欧米から経済制裁を受けているため、中国との関係を一時的にせよ、改善しなくてはならなくなったからです。ロシアと中国には、お互いに相手を疑う相互不信関係が根本にあり、不信の程度でいえば、ロシアのほうがより強く中国を疑っているといえるでしょう。中国の経済発展・軍事力増大は、ロシアにとっては脅威ですが、その経済力に頼るしかない。ロシアの抱える〝中国ジレンマ〟です。戦略的には中露関係は蜜月にも思えますが、アメリカの戦略家であるエドワード・ルトワック氏は『日本経済新聞』(二〇一四年六月十六日付)の取材に応じ、「男女に例えるなら中露は恋愛ごっこに興じることはあっても決して結婚はできない」と断言しています。

最近の相互不信の火種は、中央アジアを舞台にしたエネルギー争奪戦でしょう。現在の中央アジアは、かつての西トルキスタンが分割されて成立した、カザフスタン、キルギス、タジキスタン、トルクメニスタン、ウズベキスタンの旧ソ連諸国五カ国。中央アジア諸国は埋蔵量豊富な油田・天然ガス田があることから、中国、ヨーロッパ、インドなどがパイプライン建設を通じて長期的な供給を確実なものにしよう、としのぎを削っています。たとえば中国は、トルクメニスタンとウズベキスタン、カザフスタンからパイプラインを通して天然ガス、原油を輸送し、新疆ウイグル自治区の接続拠点を経由して中国本土に供給しています。現状でいえば中央アジアは中国経済に席巻され、エネルギーの約四〇％は中国向けです。

ロシアからすると、自分たちの南の裏庭であった中央アジアが、気がつけば経済的に大成長した中国の西の裏庭になっていたということになるでしょう。西の欧州正面の対応で精一杯なところに、東から中国が迫ってくる。さらに中国は、中国西部から中央アジアを経由してヨーロッパにつながる「一帯一路」構想により、交通インフラ・貿易など経済関係の強化を推進しようとしています。手始めが先に述べた高速鉄道網の整備です。大陸国は海洋国とは違って、自国の勢力圏を陸地の面積の広さで自覚します。ロシアは経済圏、勢力圏をじわじわ蚕食される恐怖を感じているはずです。

他方、中国側からみれば、中央アジアにまで領土拡大の野心はないだろうと思います。中国はアメリカとも、ロシアとも事を構えたくない。あくまで経済中心、エネルギーの確保が最優先です。しかもトルコ系民族の中央アジアはアジア有数のイスラム地帯で、アフガニスタンとも接しているため、イスラム系過激派が入り込む余地も大きい。中国としては厄介な宗教問題を抱えたくないのが本音ではないでしょうか。

ロシアは日本についてはどのようにみているのでしょう。まずは資金と技術力を評価しているはずです。ロシアは極東ロシアを開発したいし、天然ガスの採掘効率を向上させて競争力を高めたい。そのためには、日本の資金と技術力が欠かせません。だから日本には、天然ガスを売るなどで良好な関係を築いておく。ただし、領土問題がこじれるようなら、天然ガスの販売を止めることも想定済みでしょう。極東ロシアにおける日本の存在感は、以前より高まっているように思います。

中国・ロシア・北朝鮮を三つ組でみる

ごく単純化していえば、東アジアの安全保障について考えるときのポイントは、こうした中国、ロシア、北朝鮮を三つ組でみる、ということです。どこか一国に動きがあった場合、他の二つの国もその事態に連動して動き出す可能性が高まるからです。

たとえば、北朝鮮に体制変革の動きが起きたとします。中国は北朝鮮の体制変革を止めるために動くのか、あるいは止められないと先を読んだ動きをするのか。ロシアはどう影響力を行使するのか。日本への影響はいかなるものか。少しでも可能性があれば、最悪の事態を想定した対応は準備しておかなければなりません。

三つ組でみた情勢判断に基づく決断を統幕長として求められたのが、ほかならぬ東日本大震災時における対応でした。

二〇一一年三月十一日に発災した東日本大震災で、自衛隊は派遣規模一〇万七〇〇〇人という過去最大の態勢で臨みました。この未曾有の災害に対応するための措置でしたが、自衛隊の本来の任務である防衛警備とのバランスをどうとるか、ということが最大の課題だったのです。中国、ロシア、北朝鮮を三つ組でみる視点からも、それは忘れてはならないことでした。

本来の任務の防衛警備においては、周辺情勢などを毎日フォローし、さまざまなかたちで情報を収集して分析します。その蓄積を踏まえて陸海空の部隊について、防衛警備に最低限必要な人員を計算しました。航空自衛隊では領空侵犯に対する警戒監視とスクランブル態勢、海上自衛隊なら東シナ海や尖閣諸島も含めた警戒監視に必要な哨戒機や艦艇部隊を弾き出し、陸上自衛隊の場合は南九州、沖縄、関西の部隊や北海道中央部の部隊などは留め置いて、基本的には動かさないことに決めました。

そうした前提で、必要とされる最低限の人員を割り出し、総員二四万人から差し引いたのです。約一二～一四万人は東日本大震災に対応できる、というのが私の判断でした。

この数字を防衛大臣に上申し、当時の菅直人首相から「一〇万人態勢で」という最終的な指示があり、結果的に後方部隊も含めて一〇万七〇〇〇人態勢で震災対応に臨みました。国の安全をどのようにして守るかという本来の任務である防衛警備と、大規模災害からの人命救助と復旧活動をいかに両立させるか。それこそが私が念頭に置いた最大の関心事だったのです。

小国の動きから大きなトレンドを見抜け

この章の最後にはもう一つ、軍事的な視点からみた考え方を紹介しておきましょう。小国の動きに注目することで、大きなトレンドがみえてくる、というものです。東南アジアで最も中国の体制に近かったはずの軍政社会主義国であるミャンマーが二〇一一年の民政移管後、欧米の経済制裁の解除を踏まえ、中国一辺倒から距離を置きはじめました。

軍事政権下のミャンマーは、アウン・サン・スーチー氏を軟禁していました。その間、アメリカは人権問題を盾にミャンマーに対する強硬姿勢を継続していましたが、日本は生活物資などの支援を続けました。ASEANがミャンマーの加盟を認めたのは一九九七年。内政不干渉を理由にミャンマーの軍事クーデターや人権問題にほとんど対応してこなかったASEANの「建設的関与」政策には、欧米諸国から激しい非難が浴びせられました。しかしそれでもASEANはミャンマーを受け入れ、十四年後の民主化につながります。

一方、中国は二〇一三年にミャンマーのチャウピューから広西自治区貴港市までの天然ガスパイプラインを、二〇一五年二月には重慶までの石油パイプラインを開通させました。その輸送能力は二〇一四年の中国原油輸入量の約七％といわれ、エネルギー戦略上も要衝となっています。中国の一帯一路構想でもミャンマーは重要な位置にあり、ミャンマーのシットウェーでは港湾も整備されつつあります。

あるいは四半世紀に及ぶ内戦が二〇〇九年に終結し、急速な経済成長を遂げるスリランカ。中国の支援で開発を進めるコロンボでの港湾都市開発の見直しを掲げたシリセナ氏が、二〇一五年の選挙で親中派の現職を破って大統領に当選。十年ぶりの政権交代が実現し、「中国とインド、そして日本のアジア三大国とのバランス外交を進める」と主張しています。

スリランカでは、「真珠の首飾り」戦略の一角を担う港湾建設が腐敗の温床になっているとの批判が高まっていました。「港湾都市プロジェクト」は中国企業が建設の大部分を請け負い、埋立地の半分近くを約百年間優先的に使う契約になっていたようです。

中国にとっては両国とも経済関係を拡大することに加えて、軍事的にも中国海軍が外洋展開するうえで、大きな意義をもっています。いわゆる軍事強化の一環ですが、今後、中国と欧米、インドなどとのせめぎ合いになります。

インド洋に現れた小さな変化を見逃さず、アメリカ、東アジアの国々を巻き込んで海の自由と安定した秩序を維持していく。国際社会は日本にその役割を期待していますし、日本にはその期待に応える能力があります。ならば、いまの自衛隊にはいったい何ができるのか。あるいは何ができないのか。さらには何をすべきか。次章では、「昭和の自衛隊」にまで時を遡りながら、それを明らかにしていきましょう。

第4章

進化しつづける自衛隊の使命は何か

知られざる吉田元首相のほんとうの訓示

ここまでに述べてきた国際情勢や日本を取り巻く安全保障環境の変化を踏まえ、簡単にまとめを行なうとすれば、以下のようになるでしょうか。

東アジア地域における安全保障の最大の課題は、中国の台頭と、その軍事・経済・国際政治力を駆使した現状変更の戦略です。ほかにも北朝鮮の軍事力増強と挑発行為の数々、朝鮮半島情勢の不安定化、領土問題を抱えるロシアとの新たな関係構築などが挙げられます。また欧州には欧州の、中東には中東地域の課題があり、各地域の課題は相互に深く関連しています。

次に、グローバルな安全保障の課題としては、国際テロはもちろん、北朝鮮の核・ミサイル開発やイランの核保有、破綻（予備群を含む）国家の生物・化学兵器保有など大量破壊兵器の拡散が大きな脅威です。国際公共財である海洋、宇宙、サイバー空間の自由な利用が妨げられるリスク、社会インフラの破壊や国家機密情報の窃取を意図したサイバー攻撃のリスクも高まっています。

そして経済・社会のグローバル化によって、各国の相互依存関係が進展した結果、一国の経済危機が世界中に伝播《でんぱ》するリスクも増大しています。さらに資源ナショナリズムの高まりは、国家間のエネルギー・鉱物資源獲得競争を激化させ、紛争の火種となる可能性を秘めています。

しかも地域とグローバルな安全保障の課題は相互に関連しているため、世界のどの地域・領域で安全保障の課題が生起しても、日本の平和と安全に影響を及ぼしうる状況です。冷戦が終わったとき、ここまでの不安定さに日本がさらされる、と直観した人は、おそらく皆無だったでしょう。

第1章で述べたように、自衛隊に対する国民の評価が上がっているのは、国際貢献や災害救助のみえる活動が増えたことだけが理由ではない、と私は思っています。おそらく多くの国民の方々は、無意識的にその脅威を感じているのではないでしょうか。「何か事が起きても自衛隊が守ってくれる」という切実な願いを感じずにはいられませんが、これほどよい意味で注視され、期待されるのは、自らの経験を振り返ってみても、万感の思いを禁じえません。

かつて、自衛隊は国民からどのようにみなされていたのでしょうか。自衛隊の創設者であり、防衛大学校創設の父でもある吉田茂元首相は、こんな言葉を卒業生に贈っています。

「君たちは自衛隊在職中、決して国民から感謝されたり、歓迎されることなく自衛隊を終わるかも知れない。きっと非難とか誹謗《ひぼう》ばかりの一生かもしれない。ご苦労なことだと思う。しかし、自衛隊が国民から歓迎され、ちやほやされる事態とは外国から攻撃されて国家存亡のときとか、災害派遣のときとか、国民が困窮しているときだけなのだ。言葉を変えれば君たちが日陰者であるときのほうが、国民や日本は幸せなのだ。どうか、堪えてもらいたい。

一生ご苦労なことだと思うが、国家のために忍び堪え頑張ってもらいたい。自衛隊の将来は君たちの双肩にかかっている。しっかり頼むよ」

この発言は「一九五七年三月の防衛大学校第一回卒業式における吉田茂元内閣総理大臣の訓示」として引用されることが多いのですが、実際はそうではありません。くだけた物言いからもわかるように、卒業前に大磯の吉田邸を訪れた防大一期生の代表者三名に向け、吉田元首相が諭すように語った私的な会話の一部です。その一人だった平間洋一元海将補が防衛大学校同窓会機関誌の『小原台《おばらだい》だより』(平成二十四年一月一日号)で、その経緯を詳《つまび》らかにしています。

GHQからの再軍備要請を憲法第九条の存在を盾に拒み、警察予備隊を創設した吉田元首相の政治的決着が、自衛隊の将来に禍根を残した側面がある、ともいわれます。しかし吉田氏自身は当時の決断を後悔しているとされ、実際に防大一期生の卒業式では「防大生に与ふ」と題して、「独立国の国民として、国の独立程大事なものはなく、この独立を守る事こそ、国民としての名誉であり、誇りであり、この誇りが愛国心の基礎をなすものである。国民に独立を愛し、独立を守る決心なくんばその国の存在はあり得ない。この決心が一国の興隆繁栄を来すのである（以下略）」と訓示しています。

この発言はその存在すら、ほとんど知られていません。旧日本軍を連想させる自衛隊が脚光を浴びる世の中になってほしくない。そうした社会の雰囲気に合致する吉田元首相の私的な言葉が報道で使われ、定着したのではないでしょうか。

「愛される自衛隊」から「機能する自衛隊」へ

当時の自衛隊の広報も、世間からの目を強く意識していました。創生期から六〇年安保まで、自衛隊のキャッチフレーズは「愛される自衛隊」。「国民から愛される自衛隊になりたい」という願望がみてとれます。

冷戦からデタント期までは高度経済成長期を迎えて企業が社会的存在となる一方で、自衛隊の治安出動が検討された六〇年安保闘争や過激派による連続企業爆破テロが起きるなど、日本社会の激動期に当たり、当時は「信頼される自衛隊」がキャッチフレーズでした。ちょうど私が自衛隊に入隊し、北海道の駐屯地で対ソ戦を想定した訓練に明け暮れていたころです。自衛隊の存在意義は「平時の抑止」にあったので、具体的な活動内容よりも社会から信頼されることを重視したのであろうと思います。

一九七九年のソ連のアフガニスタン侵攻でデタント期が終焉し、冷戦終結からポスト冷戦構造を模索する時代を迎えます。冷戦対応に傾注していた自衛隊は存在意義の探索を始め、ペルシャ湾への掃海艇派遣やカンボジア・モザンビークのＰＫＯ参加、阪神淡路大震災や地下鉄サリン事件での救助活動などに取り組みます。国民の前に姿を現す任務が増えたことから、「親しまれる自衛隊」がキャッチフレーズになりました。

そして二〇〇〇年代以降の自衛隊は、混沌とする国際情勢、わが国を取り巻く安全保障環境の変化を踏まえ、その役割を政府の意思と一体になって進展させています。キャッチフレーズも「つくる時代から働く時代へ」（小渕恵三首相・一九九九年）よろしく、「存在する自衛隊から機能する自衛隊へ」（石破茂防衛庁長官・二〇〇四年）と、有事の防衛に加え、平時か

キャッチフレーズからみる自衛隊の変遷

年代		全般		キャッチフレーズ
1950	冷戦期	保安隊発足 1952 保安大学校創設 1952 陸海空自衛隊発足 1954 北富士実射反対激化 1955	創生	「愛される自衛隊」
1960		日米安全保障新条約締結 1960 （60年安保闘争） 三矢研究問題 1965	迷い	「信頼される自衛隊」
1970	デタント期	日米安全保障条約自動更新 1970 （70年安保闘争） 全日空機と自衛隊機衝突 1971 沖縄返還 1972 札幌地裁自衛隊違憲判決 1973 ミグ-25着陸 1976		
1980	冷戦激化期	有事法制研究にかかわる公表 1984 日航機墜落 1985	真空期	「親しまれる自衛隊」
1990	冷戦終結	掃海艇ペルシャ湾へ出航 1991 カンボジアへ派遣 1992 モザンビークへ派遣 1993 北海道南西沖地震 1993 ルワンダ難民救援 1994 阪神淡路大震災 1995 地下鉄サリン派遣 1995 能登半島不審船事案 1999	意義の探索	
2000	混沌期	東ティモール派遣 2002 イラク派遣 2004 インドネシア・スマトラ島沖大地震 2004 インドネシア・ジャワ島中部地震派遣 2006 北朝鮮弾道ミサイル発射 2006	緊張	（「つくる時代から働く時代へ」小渕恵三） 「存在する自衛隊から機能する自衛隊へ」石破　茂

ら能動的に運用する方針を示すものになりました。

その方針に沿って、東ティモール、ハイチ、南スーダンなどのＰＫＯ、インド洋、イラクの後方・復興支援、アフガニスタンの難民支援、インドネシア・スマトラ島沖大地震、ジャワ島中部地震などの国際緊急救助、ソマリア沖アデン湾の海賊対処と、国際貢献をする地域・領域が格段に広がっています。

吉田元首相の〝日陰者発言〟から半世紀以上が経った二〇一五年三月二十七日、第五十九回目の防大卒業式で、安倍首相は以下のような一節を訓示で披露しました。隔世の感があります。

「これまでの、20年以上にわたる自衛隊の国際協力は、間違いなく、世界の平和と安定に大きく貢献している。大いに感謝されている。私は、自信を持って、そう申し上げたいと思います。そして、のべ5万人にのぼる隊員たちの、揺るぎない使命感と、献身的な努力に、心から敬意を表したいと思います。

海の大動脈・アデン湾における海賊対処行動では、本年5月、戦後初めて、自衛隊から多国籍部隊の司令官が誕生します。これは、これまでの自衛隊の活動が、国際的に高く評価され、信頼されている証に他なりません。

世界が、諸君に、大いに期待しています。世界が、諸君の力を、頼みにしています。その誇りを胸に、自衛隊には、より一層の役割を担ってもらいたいと思います」

卒業式には、インドネシア、カンボジア、タイ、韓国、東ティモール、フィリピン、ベトナム、そしてモンゴルからの留学生が出席し、日本人防大生とともに、小原台を巣立っていったのです。

なぜ陸海空の統合運用が必要とされたのか

そうした国際貢献の経験値は、自衛隊を組織として進化させる糧ともなりました。二〇〇一年のインド地震への国際緊急援助隊の派遣、翌年の東ティモールへのＰＫＯ部隊の派遣に際し、陸海空の統合調整が行なわれ、一定の進展がみられました。自衛隊に限らず、各国の軍隊は陸海空軍がそれぞれ別個の組織として編成され、機能しています。もちろん事態への対応にあたって、一軍種のみや軍種が連携しない作戦運用は非効率的であり、非効果的です。

ところが軍種を超えた統合の推進は、組織的利害が絡むことから、どの時代、どの国でも困難な課題とされているのです。それでもその課題を乗り越えつつ、米軍をはじめ、主要なほとんどの国は統合運用体制に移行しており、近年、ロシアや中国も統合機能強化に重点を移行しています。

自衛隊も同様に、統合運用の機能強化が叫ばれるようになりました。冷戦終結後、顕著となってきた作戦環境の複雑さや活動の時間的・空間的拡大、迅速で多様な事態対応などが求められ、そのためにも部隊運用の一元的な防衛大臣補佐が必要となったのです。

自衛隊は二〇〇五年十二月から翌年三月まで国際緊急援助隊として、スマトラ沖大地震への派遣で活動し、このときにも統合運用の必要性が強く認識されました。地震による津波によって建物がほぼ全壊したバンダ・アチェには、陸海空を混合編成した部隊が派遣され、当時、陸幕副長だった私は現地にも赴きました。派遣された陸上部隊はスマトラ沖に停泊する海上自衛隊の船で寝泊まりし、陸上自衛隊が津波被害を被ったバンダ・アチェの災害現場で活動する。航空自衛隊は陸・海部隊のために物資輸送などの救助活動を行ないました。初めて本格的な総合調整所をタイ国のウタパオと現地に設置したのもこのときです。今後は統合運用でなければ対応できない、と私も含め、ほとんどの自衛官が確信をもったのではないかと思います。

ちなみに陸幕副長の私がバンダ・アチェの災害現場に出向いたのは、陸幕長の指導により、インドネシアの陸軍参謀総長と会って「現場レベルでの自衛隊派遣にあたっての理解」を得ること、俗にいえば「仁義を切る」ことも目的の一つでした。自衛隊が陸軍国のインドネシアに出動するのは初めてで、日本の軍隊という意味では、戦時中以来となります。政府間の外交ルートを通した交渉で了解は得ていても、実力組織同士が会って確認し合うことが重要だったのです。私が「自衛隊は救助支援目的でインドネシアにやってきましたが、支援活動を終えたらすぐに帰国します」と話すと、参謀総長は「日本の国際救助支援に感謝します。ありがとう」と返してくれました。

インドネシアの国軍司令官とは統幕長になってから、シャングリラ会合などの国際会議で数回会う機会がありましたが、これらのエピソードが友好のきっかけにもなります。インドネシアを公式訪問した際には、軍事関連施設を自ら案内してくださったりしました。インドネシアには、すでに防大を卒業した陸海空の留学生が多くいます。彼らと昼食会を開いたり、地域安全保障の議論をしたりもしました。彼らが成長し、地域の安全保障などに関して同世代の自衛隊幹部と率直に意見交換をし合える関係が構築できる、と信じています。

さて、この国際緊急援助隊の派遣と前後して法律が改正され、統合幕僚長をトップとした統合幕僚監部が新設されました。法改正により、陸海空幕僚監部から統合幕僚監部へと自衛隊の運用機能が移管され、二〇〇六年三月に統合運用体制に移行。それ以降、自衛隊の運用については、トップの統幕長が軍事的な分野の専門家として一元的に防衛大臣を補佐し、防衛大臣の命令を執行する体制に改められました。

統合運用体制になる前の陸幕長は、陸上自衛隊の隊務を統括し、運用をはじめ教育訓練、防衛力整備、人事、後方支援、広報などについて防衛大臣を補佐する立場でした。陸自に限らず、海空幕僚長も同様です。統合運用体制になった現在は、もっぱら教育訓練、防衛力整備などの基盤づくりによって、精強な部隊をつくりあげるのが任務です。

一方、統幕長が行なうのは国内外を問わず、運用全般にかかわることです。たとえば私が統幕長に着任した直後の二〇〇九年四月、北朝鮮によるミサイルの発射実験がありました。その対応のために統幕長は防衛大臣の命令をもとに、航空総司令官を統合任務部隊指揮官として、航空自衛隊のPAC－3や海上自衛隊のイージス艦などを一括運用したのです。北朝鮮が挑発行動に出る情勢であることは着任前から把握していたので、着実に対応することができました。

統一見解の示されたシビリアンコントロール

その後、防衛省の統合運用体制は、統幕長をトップとする制服と文官の混合組織に改める段階へと進んでいきます。防衛省内局の運用企画局を廃止して、統合幕僚監部に実際の部隊運用に関する業務を一元化します。二〇一五年度予算で防衛省の外局として新たに防衛装備庁の設置が認められ、その実現と同時に組織再編される予定です。

これと並行した法改正として二〇一五年三月、政府は防衛官僚と自衛官が対等であることを明確にする防衛省設置法第一二条改正案を閣議決定しました。すでに二〇〇六年に改正された自衛隊法では、自衛隊の運用に関しては統合幕僚長が一元的に防衛大臣を補佐することになっているので、防衛省設置法の改正は当然の措置ともいえるものでした。

政府の閣議決定に合わせて、文民統制に関する政府統一見解も示されました。

「文民統制（シビリアンコントロール）とは、民主主義国家における軍事に対する政治の優先を意味するものであり、我が国の文民統制は、国会における統制、内閣（国家安全保障会議を含む）による統制とともに、防衛省における統制がある。そのうち、防衛省における統制は、文民である防衛相が、自衛隊を管理・運営し、統制することであるが、防衛副大臣、防衛政務官等の補佐のほか、内部部局の文官による補佐も、この防衛相による文民統制を助けるものとして重要な役割を果たしている。文民統制における内部部局の文官の役割は、防衛相を補佐することであり、内部部局の文官が部隊に対し指揮命令をするという関係にはない」

二〇一五年三月六日付の『読売新聞』は、「安倍首相も衆議院予算委員会で、『国民によって選ばれた首相が自衛隊の最高指揮官で、文民である防衛相が指揮する。これこそがシビリアンコントロールだ。首相が最高指揮官であることで完結している』と強調した」と報じました。

この閣議決定と政府統一見解に対し、一部マスコミでは「文官統制の放棄だ」との批判がありましたが、統幕長による自衛隊の運用に関する一元的な大臣補佐は、先に述べたように二〇〇六年施行の改正自衛隊法に明記されています。あるいは少なくともここ十年の政府答弁では、文官が自衛官を統制する「文官統制」の考え方は否定されています。それにもかかわらず、統幕長の大臣補佐がこの改正であらためて「追加」され、歴代政権が認めてきた「文官統制」を変更したという二つの事実誤認を根拠に批判したのです。

二〇一五年六月、この防衛省設置法などの法案は国会で承認され、実行に移されることになります。政府が法案提出に伴って説明したように、今後は自衛官と文官の一体感を高めつつ、政策的見地からの大臣補佐と軍事的見地からの大臣補佐の調整・吻合《ふんごう》を明確化し、省内では防衛大臣によるシビリアンコントロールを確固たるものにしていく必要があります。とくに制服サイドにとっては、永年の先輩方の思いが成就したわけですが、軍事組織というきわめて重要な組織を運用していくという自覚と誇りをもちながら、より謙虚で誠実に防衛大臣を補佐し、国民の期待に応えていくことが求められるでしょう。

東日本大震災で編成された統合任務部隊

そして統合運用体制への移行から五年後、東日本大震災という未曾有の災害が日本を襲います。統幕長の任にあった私は、陸海空自衛隊からなる統合任務部隊を編成することを防衛大臣に上申し、承認されました。組織編成にあたっては現場を重視し、仙台で東北六県の防衛警備を担当している東北方面総監を統合任務部隊の指揮官に任命することにより、現場の情報を一元的に集約し、そのうえで、陸海空の戦力を効率的に使えるようにしました。駆けつけてくれた米軍との関係上もそれは有効でした。

とくに陸上自衛隊は日ごろから行政組織や地元の人たちと密接なつながりをもっていたので、陸上自衛官を指揮官にして、海・空の部隊を編成することにしました。中央で指揮をとってうまくいく場合もありますが、このケースは現地に通じているものがシンプルに指揮するほうがトラブルも起きにくいだろう、「現場のことは現場に任せる」という判断を下したのです。

ただし、組織を機能させようとすれば、命令を実行するのに必要なスタッフをつけなければなりません。発災してすぐに「指揮をとりなさい。部隊を動かしなさい」といっても、スタッフがいなければ実行は不可能です。平時の組織運用に加えて「トモダチ作戦」を実施している米軍との調整役、中央との調整役といったスタッフを配置しなければ、組織は活動できません。そこで発災直後に中央から臨時スタッフを派遣し、有事組織としての態勢を整えたうえで、三月十四日に統合任務部隊を編成しました。

自衛隊の歴史で統合的に災害派遣活動が行なわれたのは、東日本大震災が初めてでした。東日本大震災の場合は、震災対応、ことに津波対応と原発対応は異質なもので、両方を一人で同時に担当するのは過重負担であり、原発対応については三月十四日の福島第一原発三号機の爆発以降、CRF（中央即応集団）の司令官に一元的に指揮させることにしたのです。

東日本大震災は福島第一原発の事故が起きたため、大震災と津波という災害への対応に加え、放射線下の原発事故対応という、自衛隊にとって初めての状況に対処せざるをえなくなりました。震災と津波被害への対応は、一度起きてしまえばそれ以降、大きな状況の変化はありません。その状況下で、人命救助やご遺体の収容などに注力することになります。

一方、原発事故への対応は、原子炉の破壊の程度や天候・風向きなどによって時々刻々と被害状況が変わり、入ってくる情報も正確なものかどうかわからない。そのため原発事故対応では、中央との連携が不可欠であり、統合幕僚監部が中心になって、CRF司令官を指揮官として事故対応するのが最善の策と考えました。

原発事故の対応では、自衛隊ヘリコプターからの放水が象徴的な出来事として取り上げられました。当時は一滴や二滴の水を投下して何の効果があるのかなどと揶揄されたこともありましたが、私の頭の中にあったのは、制御できない原発の暴走で日本がとんでもないことになるのではないかという認識でした。その後、放射性物質の飛散状況についてはいろいろなシミュレーションが出ましたが、あの段階では、一号機と三号機を制御することができず、結果として四つの原子炉すべてが暴走する最悪のケースも想定されていました。

その場合、放射能汚染は首都・東京まで広がる危険性があります。その過酷な状況のなか、たとえ一滴でも放水し、暴走を少しでも遅らせる、あるいは対応のための時間を稼ぐということが、任務遂行を決断する際の判断基準でした。

もちろん同時に、隊員の安全確保も図らねばなりません。そのジレンマのなかで決心することは、きわめて厳しいものでした。「放水を実行する」と私が宣言した瞬間、周りにいるスタッフの強い視線を感じました。いまでもそのときを鮮明に記憶しています。しかし私が決心して以降、具体的にどう任務を実行していくのかという方向にスタッフ全員の力が結集されていきました。

また原発事故対応については、大臣の会見で統合幕僚長に決心してもらったという趣旨の発言があり、マスコミでも大きく取り上げられました。もっとも、それぞれの立場で「決心」の内容は違うはずです。私は統幕長として事故対応を実行するために部隊を動かすことを「決心」し、大臣は大臣として「決心」した。大臣に対してそれが「できる」と補佐することが私の役割であり、それを受けて大臣としての立場で、自衛隊全体をみて「了解」ということが大臣の役割であると思います。当然ではありますが、マスコミ報道において東日本大震災における防衛省・自衛隊の指揮活動で指摘されたような、大臣が私に決心を強要し、判断を委ねたなどということはありえません。

自衛隊にとって東日本大震災は、災害派遣の統合運用のモデルケースになりました。そこで得た教訓を活かしながら、統合運用を深化させていかなければなりません。二〇一三年に起きた伊豆大島の台風災害派遣では陸上自衛隊の指揮官が、同年十一月に発生したフィリピン台風災害の国際災害救助隊派遣では海上自衛隊の指揮官が、統合任務部隊指揮官を務めました。陸でも、海でも、空でも、統合的な判断で派遣が行なえるようになっていったのです。

海外の災害派遣の現場では他国の部隊から、日本人は統合化が「とてもスムーズで素晴らしい」とよくいわれます。他国は各軍種の強い反発があって、統合化するのに時間がかかるというのです。これこそ日本人の気質、隊員・部隊長の努力の賜物《たまもの》ではないでしょうか。

日本版NSC法、そして特定秘密保護法の成立

そうした運用体制の変化と軌《き》を一《いつ》にして、国際安全保障環境の変化を感じながら、自衛隊はまさに「機能する自衛隊」へと変化を遂げようとしています。安倍首相は先の防大卒業式

で、吉田元首相が防大一期生に託した言葉を引用し、「治に居て、乱を忘れず（平和な世にいても、万一の備えを怠らない）」とも訓示しました。二〇一四年七月に集団的自衛権の限定的な行使などを主とした「国の存立を全うし、国民を守るための切れ目のない安全保障法制の整備について」の閣議決定、二〇一五年四月に日米政府間で合意した「日米防衛協力の指針（ガイドライン）」改定、同年五月に国会に提出された「平和安全法制整備法案」などを念頭に置いたものでしょう。

すなわちそれは、もはや一国だけでは自国の安全を守ることはできないという時代認識、さらにはこれまで日本に欠落していた国家戦略の必要性をもとにして、政治的判断のもとで「積極的平和主義」の理念を掲げ、日本としての主体性を発揮しながら、安全保障政策を進めていく、という決意の表れであったように思います。

そのためにまず、安倍政権は二〇一三年十一月、国家安全保障に関する重要事項を審議する「国家安全保障会議（日本版ＮＳＣ）」法を国会で成立させ、二〇一四年一月から国家安全保障局の設置とともに、本格的なスタートを切りました。情報の統合化と迅速な意思決定に関する問題は、外交・安全保障の大きな障害であり、それを日本版ＮＳＣによって解消しようとしたのです。ＮＳＣの中核は総理、官房長官、外務大臣、防衛大臣からなる「四大臣会

国家安全保障会議の体制

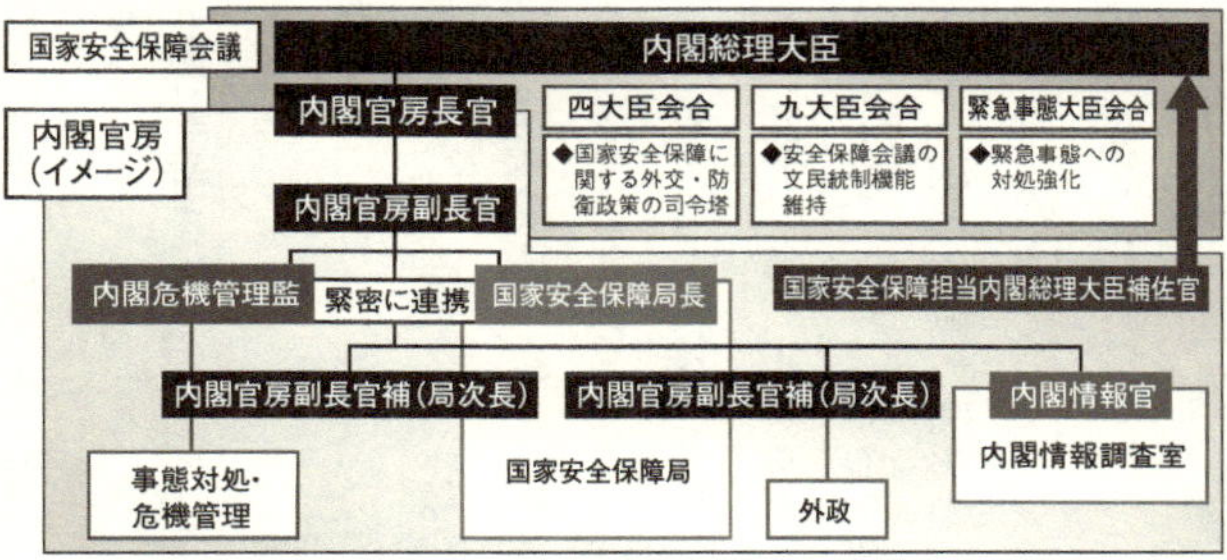

出所：『防衛白書』（平成26年版）

合」。議長（首相）は、統幕長を含む必要な関係者をNSCに参加させることができます。

さっそく同年十二月の南スーダンへの自衛隊のPKO部隊派遣から、国連を通じた韓国軍への小銃弾の一時供与、マレーシア不明航空機捜索のための自衛隊機派遣に関する決定など、これまで以上にタイムリーな実行が実施できたことは、NSC効果の一例だと思います。

NSC法の成立に続き、二〇一三年十二月に「特定秘密保護法」が成立しました。これによって、防衛、外交、特定有害活動の防止、テロの防止といった安全保障に関する情報のうち、とくに秘匿を要するものについて保護する体制が確立されました。特定秘密保護法案についても〝ためにする批判〟のような報道が行なわれましたが、法的規制がなければアメリカをはじめ、各国との情報交換がスムーズにいきません。防衛に関していえば、ようやく外国との安全保障上、有益な情報共有に向けた前提条件が整備されたことになります。

二重基準を解消した「防衛装備移転三原則」

さらには同月、「国家安全保障戦略」「防衛計画の大綱」「中期防衛力整備計画」が閣議決定されました。国家安全保障戦略によって、わが国の国益を長期的視点から見定め、外交および防衛政策を中心とした国家安全保障に関する基本方針が初めて策定されたのです。その前提となった理念が、先に述べた「積極的平和主義」。平和国家としての歩みを引きつづき堅持しつつ、国際社会の主要なプレーヤーとして、わが国の安全および地域の平和と安全を実現し、国際社会の平和と安定、そして繁栄の確保にこれまで以上に積極的に寄与していくという考え方であり、その戦略的アプローチとして「我が国自身の防衛力強化」「日米同盟の強化」「各国との協力関係の強化」などを掲げています。

「防衛計画の大綱」や二〇一四年度から五年間の「中期防衛力整備計画」では、南西地域の防衛態勢の強化をはじめ、さまざまな事態における実効的な抑止および対処を実現するために、海上優勢および航空優勢の確実な維持に向けた防衛力整備を優先し、また、機動展開能力の整備も重視することになりました。

これにより、多様な自衛隊の活動を統合運用によってシームレス（切れ目なし）に、そして状況にすぐに機動的に対応できる実効的な防衛力をめざした「統合防衛機動力」を構築することになったのです。そのためにはさまざまな施策がありますが、たとえば空海防衛力の強化に加えて、ティルト・ローター機のオスプレイや水陸両用車の取得、与那国島などにおける陸自の配備なども計画されていることが、最近の安全保障環境の変化を表しています。

陸とは人が住むところであり、人が住み、施設があれば実効支配しているということになります。尖閣諸島に人の住む施設があれば、おそらく領土問題化はなかったでしょう。太平洋戦争の米軍のオレンジ作戦（対日戦争計画）に影響を与えたといわれる英国海軍大学校教授で、海洋歴史家のジュリアン・コルベットはこういっています。

「人類は、海の上ではなく、陸上に住んでいるので、戦争における国家間の重大事は、極めてまれな場合を除いて陸軍が敵の領土および国民生活に対してどのような影響を与えるか、又は艦隊が陸軍のためにそれを可能にするという恐怖によって決定されてきた」

湾岸戦争の勝敗も、最後は地上部隊の投入によって決しました。中国が南シナ海の西沙諸島で永興島周辺を埋め立てて中国軍兵士や漁民など約一〇〇〇人が居住できる軍事拠点をつくったり、南沙諸島にあるファイアリークロス（永暑）礁の埋立地に人が住む軍事施設を建設している理由の一つも、人が住み、施設があれば実効支配と主張できるからです。一般論として、民間人が住む施設への攻撃は、国際法の交戦法規に抵触するおそれがあるため、簡単には踏み切れません。

さらに二〇一四年四月には、「防衛装備移転三原則」が閣議決定されました。これまで日本は、実質的に武器を輸出できない政策をとってきました。一方、政府は同盟国のアメリカを中心に、ミサイル防衛システムの共同開発、F－35の部品製造など個別の必要性に応じ、例外措置を重ねてきました。これも厳密にいえば、ダブルスタンダードの政策です。

新しく閣議決定された三原則では、移転が禁止されるのは、条約や国連安保理決議に基づく義務に違反する場合や、紛争当事国への輸出だけになります。逆にいえば、平和貢献・国際協力の推進に資し、かつ日本の安全保障に資する場合には移転が認められるということです。具体的には、アメリカをはじめ安全保障面で協力関係にある国との国際共同開発・生産への参加、武器技術の提供、ライセンス生産にかかわる部品・役務の提供、救難、警戒、監視、掃海をめぐる協力に関する防衛装備の移転が可能になり、そこには自衛隊の国際活動や邦人の安全確保に必要なものも含まれます。

日本の安全保障体制は歴史的転換点にある

そして二〇一五年五月、安倍政権は集団的自衛権の限定的な行使を可能とすることなどを柱とした安全保障法制関連二法案を閣議決定しました。専守防衛を維持しつつ、自衛隊がさまざまな脅威に対して「切れ目なく」活動できるようにすることを狙いにした内容で、日本の安全保障政策の歴史的転換といってもよいでしょう。

その日の記者会見で、安倍首相は次のような趣旨の発言をしています。「もはや一国のみで、どの国も自国の安全を守ることのできない時代」「わが国を取り巻く安全保障環境が厳しさを増すなか、国民の命と平和な暮らしを守るために切れ目のない備えを行なう」「きわめて限定的に集団的自衛権を行使する」「日本が危険にさらされたときには、日米同盟が機能することを世界に発信することで抑止力がさらに高まる」「アメリカの戦争に巻き込まれることは絶対にありえない」「自衛隊がかつての湾岸戦争やイラク戦争での戦闘に参加するようなことは今後とも決してない」「国際貢献の幅を広げる。いずれの活動でも武力の行使は行なわない」。

これまで日本の集団的自衛権に関する最新の政府見解は、一九八一年の「我が国は国際法上、集団的自衛権を有しているが、憲法第九条の下において許される自衛権の行使は、我が国を防衛するため必要最小限度の範囲にとどまるべきもので、集団的自衛権を行使することは、その範囲を超えるもので、憲法上許されない」というものでした。

しかしここまでみてきたとおり、いまや迫りくるさまざまな脅威に対し、日本が一国として行なえることは、きわめて限定されています。日米同盟の強化についての詳細は次章に譲りますが、激動するアジア太平洋情勢を踏まえた対中国関連の部分を取り上げれば、日本の領土である「尖閣諸島への日米安保条約第五条の適用」をオバマ大統領は明言しています。これらの発言は日本、日本国民にとって大きな意味をもつのみならず、中国に対しても強いシグナルを送ることになりました。平和安全法制の整備も、日米同盟をさらに深化させるものになります。

法案が成立すれば、日本として何ができるようになるでしょうか。自衛隊の海外活動に関していえば、国際法上の正当性（国連決議）、国民の理解と民主主義的な統制（国会承認）、自衛隊員の安全確保という三原則を尊重し、盛り込むことになり、時の政府が恣意的に派遣することはできません。

また「国際平和支援法」では、多国籍軍などに後方支援を行なう自衛隊の派遣について、国連決議がある場合に限定されます。PKO法では、国際連携平和安全活動に関して、参加五原則を満たしたうえで、国連決議がない場合でも、UNHCR（国連難民高等弁務官事務所）やEUなどの国際機関の要請で自衛隊を派遣できるようになります。停戦監視、避難民救済などに加え、いわゆる安全確保業務や駆けつけ警護、司令部業務などが追加されます。

さらに、武器使用基準が緩和されることで、自衛隊は任務遂行のための武器使用（あくまでも危害許容要件は、正当防衛・緊急避難）や、PKOなどで海外に派遣された際、離れた場所で武装集団などに襲われたNGO（非政府組織）などの民間人を救出する駆けつけ警護が可能となり、PKO以外の人道復興支援、治安維持活動への参加も認められます。

そして、日本の存立が脅かされる「存立危機事態」であれば、限定的とはいえ、集団的自衛権の行使が容認されます。その条件である「武力の行使の新三要件」とは、

①我が国に対する武力攻撃が発生したこと、または我が国と密接な関係にある他国に対する武力攻撃が発生し、これにより我が国の存立が脅かされ、国民の生命、自由及び幸福追求の権利が根底から覆される明白な危険があること。

②これを排除し、我が国の存立を全うし、国民を守るために他に適当な手段がないこと。

③必要最小限度の実力行使にとどまるべきこと。

の三つです。

これにより、ホルムズ海峡のような日本から遠く離れた地域でも、海峡封鎖などによる「存立危機事態」と判断されれば、集団的自衛権に基づいて、自衛隊が機雷掃海作業を行なうことも選択肢となります。あるいはアメリカ艦船に対する燃料補給などの後方支援も、それが「重要影響事態」と認定されれば、日本周辺だけでなく、どこでも実行できるようになります。さらには、現に戦闘行為が行なわれていない場所であれば支援活動ができ、朝鮮半島有事などを想定して一九九九年につくられた「周辺事態法」では原則的に認められていなかった公海、外国領域での支援活動も可能になるのです。

集団的自衛権の行使が容認される意義は、自衛隊の国際的な運用が質的・地理的に拡大することのみならず、平時から共同訓練を含む訓練、防衛力整備などの範囲を広げ、日本としての抑止力を高めることもできるようになる、という点です。

たとえば現状では、毎年タイで開かれている「コブラゴールド」という多国間合同軍事演習において、日本は武器使用を伴う対テロ訓練に参加できません。もちろん演習編成でも作戦スタッフにはなれない。人道支援や復興支援、災害派遣であれば、他国の軍隊と同じシナリオで自衛隊は訓練ができます。ところが急に地域情勢が悪化したという想定で、対テロ対策について話し合い、こんな演習をしよう、と多国間でシナリオを組んだ瞬間、「それはできません」というしかない。後方支援をする部分のスタッフには限定的に参加しても問題ありませんが、作戦を実行するスタッフには入れないのです。憲法解釈上の問題があるからです。

平和安全法制は、現行憲法下で行使可能な解釈の上限に触れる法制だといわれます。これ以上の拡大には「憲法改正が必要」という国内外への宣言といえるのかもしれません。国家としての意思を明確にすることで、日本の安全と抑止を高める転換点であることは間違いないでしょう。

警察権と自衛権のあいだにあるグレーゾーン

その平和安全法制を特徴づけるキーワードの一つが、先にも述べた「切れ目のない対応」です。とくに尖閣諸島や南西諸島の島嶼防衛では、自衛隊が防衛出動する「有事」でない状況のグレーゾーン事態に対して切れ目のない対応をするため、まずは海上保安庁の巡視艇か海上警察が、警察力で対応する。海上保安庁の能力では対応できない場合、自衛隊の艦艇が出動する。ただし、自衛隊の出動にも段階があって、最初は治安出動や海上警備行動として出動させる。それでも対処できない事態になって初めて、防衛出動に移行する、ということになります。

日本の法律の枠組みとしては、それで整合性がとれるのですが、いざ運用する段になると、いつ海上保安庁から自衛隊に移行するのか、つまり防衛出動になるのかという、ハードルが高く厳しい高度の政治判断が求められます。新しく法律はつくらないが、運用手続きや実施要領を実態に即して細部まで詰めていく、という考え方でしょう。細部の詰めこそが肝心であれば、なおさら現場の知恵が必要とされます。

一方で中国側から日本の対応をみたとき、尖閣諸島の周辺に自衛隊の艦艇が出動してきた場合、治安出動か、海上警備行動あるいは防衛出動かは判断できないし、判断しようとすら思わないでしょう。海上保安庁の法執行機関ではなく、日本の海軍、軍隊が出動してきたととらえるのが当然の反応です。そこで偶発的な武力衝突が発生するリスクを考えなければなりません。日本は平時と有事のあいだにグレーゾーンがあるだけではなく、警察権と自衛権のあいだにも、運用上のグレーゾーンがあるということでしょう。

そうした状況を踏まえると、自衛隊が出動するときには、原則的に防衛出動とするほうが運用上はすっきりします。その代わり、法執行機関である海上保安庁の巡視態勢をいっそう強化する。海上保安庁の二〇一五年度当初予算案の総額は一八七六億円で、過去二番目の規模でした。尖閣諸島周辺の領海警備に専従する建造中の大型巡視船六隻の整備費として一一六億円を計上し、海保は同年度中に六隻を就航させ、二〇一六年度に全一二隻体制、その後二四隻体制の尖閣専従チームを完成させる方針です。

とはいえ、いまの東シナ海や小笠原諸島、沖ノ鳥島を含む西太平洋の広大な海域を巡視することを考えれば、この程度の強化では対応できないでしょう。同時並行で自衛隊の強化が必要となりますし、自衛隊の艦艇が治安出動や海上警備行動にまったく出ないわけでもありません。それでもグレーゾーン対処の切れ目をできるだけつくらず、運用の政治的リスクを減らすためにも、具体的な役割分担は必要だと思います。

部隊行動基準を〝ネガティブリスト方式〟に

さらには、そうした法整備が整ったとしても、自衛隊が日本の安全保障政策に沿った活動を行なうためには、クリアすべき重要課題がまだ残っています。防衛省には、国際的な法規・慣例、そしてわが国の法令の範囲内で、自衛隊がとりうる具体的な対処行動の限度を示すことにより、部隊による法令などの遵守《じゅんしゅ》を確保して、的確な任務ができるようにすることを目的とした「部隊行動基準」（国際標準では「交戦規定（ＲＯＥ）」と呼ばれます）の規定がありますす。この内容については詳細に申し上げられませんが、一般的なＲＯＥでは、行動できる地理的範囲、使用、あるいは携行できる武器の種類、選択できる武器の使用方法などを定めることが通例です。

平和安全法制が認められれば、これについても抜本的な見直しが不可欠でしょう。具体的には、この場合はこの武器を絶対に使用してはいけないという〝ネガティブリスト〟の基準に見直す必要があります。海外の軍隊はネガティブリスト方式です。

なぜ自衛隊だけがその方式ではなかったか、ということは、自衛隊の前身が警察力を補完する警察予備隊だったという生い立ちにかかわっています。警察と軍隊の何が異なるのか。第一に、そもそもの目的がまったく違います。軍隊が国の独立と平和を守るのに対して、警察は国民の生命・財産、公共の秩序を守ります。第二に、警察権が国内に作用する力であるのに対して、軍事力・自衛権は国外に向けて作用する力です。

警察は、犯罪の容疑者を捜査したり、公共の秩序を維持する過程で、たとえば家宅捜索を行ない、国民の身柄を拘束して取り調べることができます。国家権力が国民の権利に介入するわけですから、国内法で定めた適正手続きに基づく行使でなければならない。現場の恣意的な運用は許されません。

一方、武力紛争に関する国際法の交戦規定は、人道的にも、国際法的にも、「これをしてはいけない」こと以外はしてもよいという考え方で、法体系としてはじつにシンプルなものです。現場の指揮官としては、「部隊行動基準」も法体系のあり方としてシンプルであるほうが望ましく、また〝ネガティブリスト〟でなければ、生死にかかわる、何が起こるかわからない厳しい状況のもとでは、必要な瞬時の判断に迷いが生じてしまうでしょう。

現行法制のもとでも、この問題は現場で表面化しています。たとえば二〇〇四年に自衛隊が派遣されたイラクの宿営地サマーワは、迫撃砲が何発も飛んでくる危険地域でしたが、その対応手段は驚くべきことに、何もありませんでした。自衛隊の活動する地域が「非戦闘地域」ということが、派遣の前提だったからです。レーダーは持参していったので、どこから飛んできたのかは概ね把握できます。しかし、それに対して自衛隊が撃ち返すことはできない。ひたすら防護に徹するため宿営地を整備し、コンテナを頑丈にして、そこに避難しているだけでした。

そして同年十二月四日、隊員がデモ隊に取り囲まれ、投石される事件が発生します。たいへん厳しい状況で、現場の指揮官は思い悩みました。やがて現地警備員らの説得で、デモ隊は行動をエスカレートさせずに解散し、さらなる混乱という事態は回避されました。もしもっと事態が混乱し、自衛隊員が発砲していたら、国会で大問題となり、イラク派遣はその時点で打ち切られていたかもしれません。そうした事例一つとっても、現場はギリギリの状態に直面しているのです。派遣部隊のフラストレーションはおそらく、国民の方々の想像を絶するものがあるでしょう。

現場に派遣されている他国の軍人に聞くと、最初は自衛隊のことを当然ながら、「自分たちと同じ軍隊」とみなしています。ところが他国軍と調整をしているうち、自衛隊からは「いや、われわれはそれはできない」「自衛のための武器使用しかできないから自分からは撃てない」「治安活動は無理」といった話が必ず出てきます。他国の軍隊はいちおう、理解はしてくれますが、正直なところ、内心どう思われているのかはわかりません。

多くの制約と危険があるなか、二十年以上にわたって延べ五万人以上が国際貢献活動に従事していながら、まだ一人の犠牲者も出していない。もちろんわれわれはそれをほんとうに誇りに思っていますが、いってみればそれは、奇跡としかいいようがないほど偶然が重なった産物なのです。

「軍国主義化」を語る人たちにいいたいこと

こうして、現実の変化を見据えた安全保障政策に取り組み、自衛隊の強化、防衛費の増額を主張すると、決まって「軍国主義化」を懸念する意見が出てきます。そうした意見を耳にするたび、胸の潰れるような思いがしてなりません。そもそも、いまの日本が軍国主義化するのは、どう考えても不可能です。軍国主義とは『大辞林』（三省堂）によれば、「軍事力によって国威を示し、対外的に発展することを国家の最も重要な目的と考え、政治・経済・法律・教育などの構造や国民生活、思考様式を軍事強化に従属させ、これに奉仕させようとする主義」のことです。

日本にはリベラルな民主主義に基づく国家システムがあり、三権分立が定着しています。何より日本国民は賢明です。軍事力だけで国は成立しませんし、国際的な孤立は国民生活を直撃し、国益上のメリットはありません。フランシス・フクヤマ氏が指摘したように、軍国主義化政策をとる政府は選挙によって間違いなく、政権の座を追われるでしょう。

これも誤解されやすいことの一つですが、軍人は軍を運用するリスクについて熟知しているがゆえ、軍事力の行使にはきわめて慎重です。他国の軍隊と交流があるので国際的な視野をもっているからです。アメリカのパウエル元統合参謀本部議長は、第二のベトナム戦争が繰り返されることを恐れ、文民指導者が進めようとしていたブッシュ（子）政権のイラクに対する軍事力行使には一貫して否定的でした。徴兵制についても現代のハイテク兵器を扱う練度が要求される近代戦争の現場では、熟練した兵士が必要です。あくまで仮定の話ですが、徴兵した国民に対テロ戦争など、絶対にできないでしょう。

軍国主義化まではいかないが、軍事大国になることは可能ではないか。そう危惧する人もいるかもしれません。二つの理由からありえない、と断言できます。戦時中は国家予算の八割以上が軍事費に回されました。これは極端な例にせよ、一八八七（明治二十）年から一九四五（昭和二十）年までの約六十年間の平均をとっても、四六％くらいになります。徴兵制で人材コストが抑えられていてすら、この高さです。近代化して世界の軍事大国、列強になるにはそれほどの予算を必要としたのです。

一方、わが国のいまの防衛費は、国家予算の約五％程度です。増額するにせよ限界があり、倍増すらできません。国家予算比率は国の特徴が出るもので、平等主義で高齢化社会の日本はナショナル・セキュリティ・ステイツ（安全保障国家）ならぬ、ソーシャル・セキュリティ・ステイツ（社会保障国家）です。戦前の軍事予算比率に近い社会保障費を支出して、手厚い福祉サービスを提供しているのです。その恩恵に与《あずか》る世代が、社会保障費削減＝軍事費増大を認めるはずがありません。

そもそも、専守防衛をその旨としてきた自衛隊には、外征軍としての能力・装備がありません。専守防衛は、相手から武力攻撃を受けたときに初めて防衛力を行使し、その態様も保持する防衛力も、自衛のための必要最小限のものに限るなど、日本国憲法の精神に則った受動的な防衛戦略の姿勢です。

外国で戦争する外征軍は、戦闘行動から兵站、医療衛生、建設・修理などの後方支援まで、派遣された部隊だけで完結する部隊でなければ遠征ができない。海外の敵と正面で戦う組織を支援するには、三倍の後方支援組織がないと機能しません。自衛隊の部隊編成は国内仕様です。むしろ後方支援のほうが、リソースは少ない。現在の海外活動は、いわばその目的に合った編成を臨時につくりあげている状況です。

おそらく一部の政治家やマスコミには、いまだに「自衛隊による安全」よりも「自衛隊からの安全」という意識が抜けきっていないのではないか、という節《ふし》も感じます。しかしいま必要なことは、目前の安全保障の情勢がどうなっているのかを冷静な目でみつめ、現実を知ること。そこで最悪の事態を絶対に回避するために、わが国として何をすべきか、国際的な平和と安定のために何ができるかを考えることに尽きるのではないか、と思います。

非常時に備えるために、まず自らが努力せよ

結局のところ、尖閣問題をはじめ、国家の非常時に備えるためには、その主体である日本国自身の努力が最も重要なのです。政治的リーダーシップのもとでの外交努力はもちろん、適正に増額された防衛費のもとで効果的・効率的にハード・ソフト両面の防衛力整備を進め、不幸にも事態が起こった場合には、日本自身が毅然と対応しなければならない。ある意味では当然のことでしょう。アジア太平洋地域の厳しい安全保障環境に適応できるよう、緒につきつつある歩みを具体化し、実効性のあるものにしていかねばなりません。

同時に海上保安庁の体制強化による抑止と毅然とした対応、利害をともにする周辺関係国との環境構築、対象国との交流などによる信頼関係の強化など、地道に、しかし目にみえる

かたちでの努力を継続していくことが重要であると思います。あくまで自衛隊による対処は、最終手段です。

そして軍事的な安全保障の観点でいうならば、いまや一国だけで国を守れるのはアメリカ、ロシア、中国だけといえるでしょう。日本をはじめとする普通の国は、強大な国に対してはもちろん、自国すら一国では自衛できません。安全保障を揺るがす事態が起きたあとでコアリッション（有志連合）に依存するか、平時から同盟による抑止効果を求めつつ、最悪の事態に備えるかを選択しなければならないのです。

そこで現在の日本がとるべき最善策が、日米同盟を基軸とした安全保障体制であることは疑いありません。そのうえで、日本の主体性を示すことが、同盟の実効性を高めていくための必須条件です。同盟とは必然的な運命共同体ではなく、同盟国相互の努力によって成り立つものだからです。次章では、その日米同盟についてもゼロベースで考察しましょう。

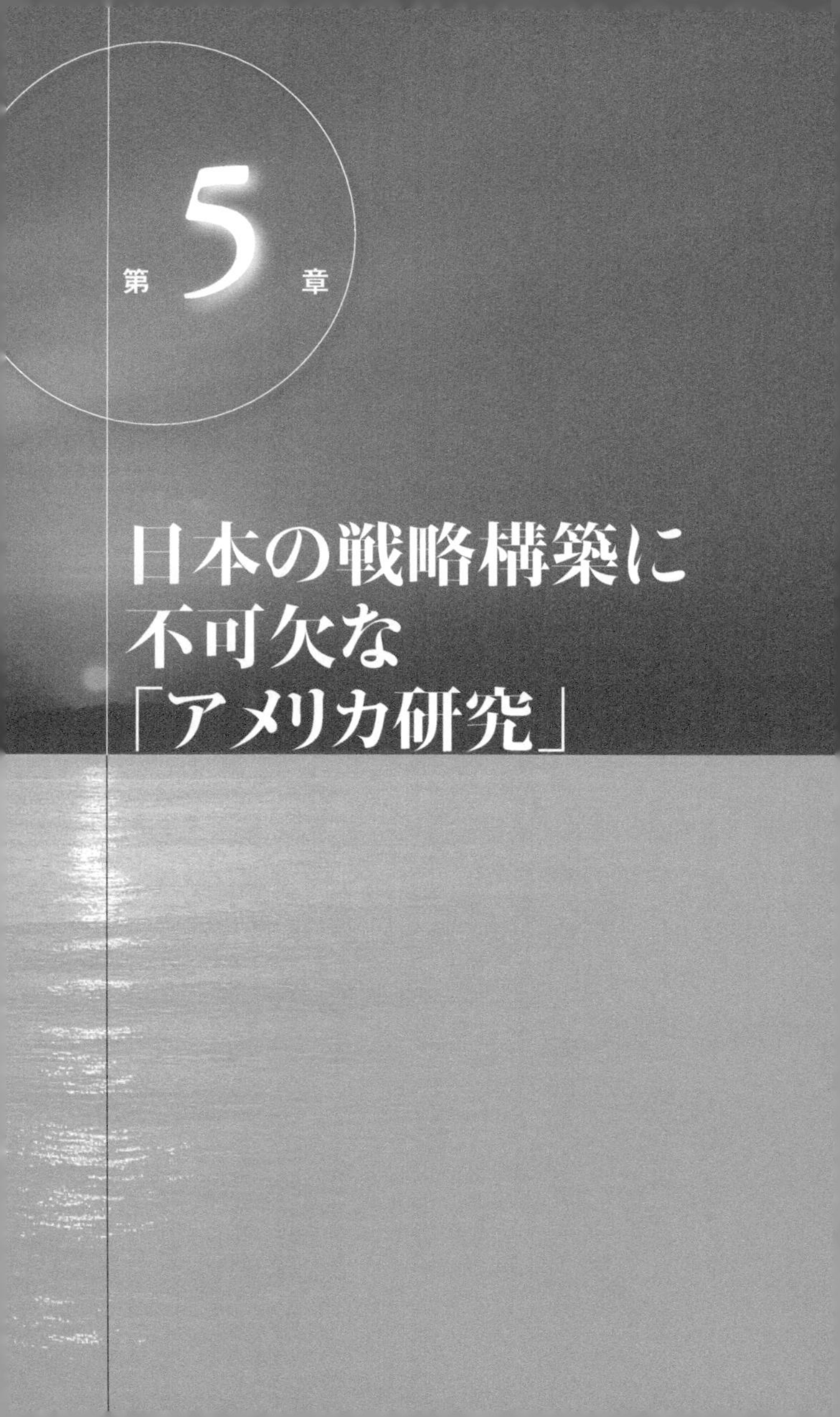

第5章

日本の戦略構築に不可欠な「アメリカ研究」

ウィラード司令官との刺激に満ちたやりとり

いつものように机いっぱいに広げた地図をみながら、私は通訳を交えて米太平洋軍のウィラード司令官との戦略協議に臨んでいました。統幕長時代の私は頻繁にハワイや日本で戦略協議の場を設け、互いの情報・意見を交換しながら認識のすり合わせや情報共有に努めていました。

協議の内容は台頭する中国の問題に限らず、東南アジア情勢の見方からヨーロッパ情勢にまで及びました。やがて米太平洋軍のスタッフは司令官に「予定がありますからもう終わりにしてください」というサインを目で送ってきますが、お互い話に夢中で止まりません。時計をみるといつの間にか事前の予定をオーバーし、三〜四時間過ぎている。そんなことがよくありました。

ウィラード司令官との協議を重ねるうち、気づいたことが二つあります。まず、軍人としてのモノの見方、個々の情勢認識は、私とあまり変わらないこと。しかし、その共通した見方、情勢認識を踏まえた全体戦略をどう描くか、となると、お互いの見方、意見の相違が露《あらわ》になるということでした。
私が自衛隊という組織だけを率いているのに対して、彼のバックには第七艦隊を含む太平洋艦隊と、太平洋陸・空軍、海兵隊があり、アメリカ西海岸からインド洋、北極海と南氷洋の半分以上もの広大な範囲を管轄しています。全体戦略、地域ごとの戦力配置、個々の事態の対処も、それだけの視野と有する軍事力から考えて発言するわけです。私が考慮に入れていたのはどんなに広げても東南アジアまで。ヨーロッパ情勢は感覚的に知っている程度です。

具体的な防衛エリアとなれば、考える範囲はもっと狭まります。専守防衛の自衛隊は、基本的には日本とその周辺に限定される一方、彼にとっては地球半分くらいの空間にある陸地と海洋、宇宙・サイバー空間の防衛が「任務」の範囲内。ウィラード司令官との刺激に満ちたやりとりが、私の視野をさらに広げてくれました。同時に、同盟関係とは運命共同体ではなく、立場や戦略眼の異なる国である以上、それぞれが重視する国益がある。相互に相手の立場、国益、同盟の目的などを理解したうえで、自国の国益や目的とすり合わせる努力をしなければ、いくら同盟を強調しても関係が成り立たない、と痛感しました。

大局から世界の平和と安全、繁栄を考えるアメリカと、自国を中心にせいぜいアジアまでしか視野に入れなかった日本とのギャップは、軍事だけでなく、政治の世界も同様です。以前、ワシントンのシンクタンクに勤務する日本人アナリストに聞いた話ですが、日本の政治家が毎年ゴールデンウィークなどに大挙してワシントンを訪れると、「日本はいまこんな脅威にさらされています」「どう対処したらいいのか教えてほしい」「アメリカは東アジアの安全保障をどうするつもりなのか」といった質問ばかりして、ウンザリされることがよくあったそうです。

アメリカの立場に立てば、こうした日本の姿勢はアメリカの国益をいっさい無視して、一方的に国益（自国の保護）を求めているとしか思えません。しかもアメリカに教えを乞う動機は、国際情勢や安全保障環境の変化を受けてそれに対応せざるをえなくなったからで、主体的に考えて動いたものではないのです。

結局のところ、重要となるのは日本の主体性を示すことで、それが日米同盟の実効性を高め、国益を守るための必須条件となるのです。そして日本が守るべき国益を定義したとしても、相手が受け入れるかどうかは交渉次第ですから、戦略が必要です。そのために何をすべきかは、第3章で述べました。アメリカの立場に立った情勢見積りと戦略（作戦）見積りです。

十五年後もアメリカ中心の秩序は維持される

アメリカという国をみる場合、大きく二つの重要な見方があると思います。一つは、中長期的なスパンでみて、世界の秩序を維持できる覇権国家でありつづけるかどうか。もう一つは、大統領が代わると政府が一新されるので、現政権の安全保障政策をどう読み解くか、です。

第2章でも少し触れましたが、米国国家情報会議（NIC）は今後十五〜二十年間の世界を予測した報告書「グローバル・トレンド」を、概ね四年ごとに公表しています。その五回目となる「グローバル・トレンド2030：未来の姿」（二〇一二年十二月版）は次のように、アメリカの今後を分析しています。海上自衛隊幹部学校の戦略研究グループが、同報告書の要旨を全訳しています。

同報告書は、アメリカは二〇三〇年までに「覇権国家ではなくなる」と予測します。アジアは「GDP、人口、軍事支出、テクノロジー投資額等を合わせると北米、ヨーロッパをしのぐ」グローバルパワーの中心地域に発展し、中国は「二〇三〇年までに数年を残して、アメリカを超え、おそらく単独で世界最大の経済大国となるであろう」と分析しました。

しかし、アメリカは経済力や軍事力などのハードパワー、教育や統治能力、国際政治におけるリーダーシップといったソフトパワーの両面で優位を保っていることなどから、「二〇三〇年においても、他の国家の中での〝同輩の中の筆頭〟としてとどまる可能性が高い」と予測し、「この期間に米国が他のグローバルパワーにとって代わられることや新たな世界秩序が構築される可能性は低いとみられる。この期間中に生起しうるいかなるシナリオにおいても、米国と同等のパワーを達成する国家が出現することはありそうにない」と結論づけています。

アメリカ中心の世界秩序は維持される、という見立てに私も同意見です。先進国では唯一の人口増加国ですし、今後も急激に国力が低下することはないでしょう。中東地域の国家破綻とシリア問題対応、そしてウクライナ問題で、アメリカのリーダーシップに懸念が生じていますが、これは時の政権の戦略、政策ミスの要素も大きく、国際社会における政治的・軍事的リーダーシップ自体にはさほど揺らぎが生じていません。たとえば中国、ロシアがアメリカに代わるビジョンや世界秩序を提示できるかといえば、その可能性はほとんどない。どの新興国も、アメリカと並べられるようなビジョンをもっていないからです。

「米国主導の国際秩序にあいまいな態度や反対の立場をとっていても、新興国はそこから利益を得ており、米国のリーダーシップに異議を唱えるよりも自国の経済的利益や政治体制の強化により大きな利益を見出している」（「グローバル・トレンド2030」）のが現実でしょう。中国の力とシステムによる現状変更の企ても、現時点では地域の枠組みにとどまっています。太平洋進出についても「米中で二分する」という十分に野心的な提案ではありますが、アメリカにとって代わるとまでは主張していません。

失敗続きだったオバマ政権の安全保障政策

率直にいえば、オバマ政権の安全保障政策は失敗続きだったと思います。中東の混乱を助長し、中国の台頭を許すなど、関与政策にこだわるオバマ政権の姿勢そのものが、世界の安全保障の不安定要因になりました。たしかにアフガニスタン、イラクからの相次ぐ撤退は、ブッシュ前政権が始めた対テロ戦争で厭戦気分を高めた国民との約束でしたから、やむをえない側面はありました。

アメリカの外交・安全保障は、関与（エンゲージメント）と保険（ヘッジ）政策を、情勢に応じて使い分ける、あるいは同時に使ったり、強弱のバランスを入れ替えたりするのが基本です。片手で握手しながら、もう一方の手には棍棒《こんぼう》を握って武力行使をちらつかせ、いつでも使うぞというものですが、オバマ政権は握手の関与政策中心でした。

オバマ政権の関与政策が躓《つまず》くきっかけになったのが、二〇一三年、シリアのアサド政権の化学兵器使用に対する優柔不断な態度でした。オバマ大統領は軍事攻撃を決断しながら、同盟国のイギリスが攻撃への参加を断念すると、議会に武力行使のための事前承認を求める、と方針転換したのです。アメリカ大統領には事後報告・承認で議会に諮らずに軍事攻撃できる権限があるにもかかわらず、議会に諮っているあいだに、ロシア主導の国際合意が成立してしまい、結局、軍事攻撃に踏み切れませんでした。

国民にそれを伝えるテレビ演説でオバマ大統領の口から、世界の安全保障を揺るがす発言が飛び出します。「アメリカは、世界の警察官ではない」。覇権国のアメリカが世界の警察官を辞めたと自ら発言し、世界にシグナルを送ったのです。もちろんアメリカ以外の国々の多くは、「世界の警察官をやってくれなくてもいいよ」といつもは当然のごとくいいます。ところがいざ現実に警察官を辞めるとなると、「お願いだからやってください」と豹変する。代わりになるような存在はいないし、アメリカに頼らざるをえない脅威が減じてもいないからです。東南アジアや日本にもそうしたところがありますが、「アメリカが警察官をやってくれないからこんなことになった」という身勝手な感覚になるのです。

中国の南シナ海での岩礁埋め立て問題も、この流れのなかにある事象だとみています。オバマ政権は残りの任期中、「関与と保険」のバランスを取り戻すことが重要です。今後、アメリカが中東問題で、とくに不協和音が出ている親米国のサウジアラビア、イスラエルとの関係を修復し、良好な関係を保てるかどうかが対中東戦略の要といえるでしょう。

中東の混乱は、アメリカの力の空白地域を狙い、自国に都合のよい枠組みづくりを進める中国を利するだけです。他国と同じ価値観を共有できない中国には、地域の警察官すら務まりませんし、もとより中国はそのつもりなどないでしょう。そこで中国の管理下に置かれた地域の安定とは、周辺国にとっての不安定を意味するのです。

なぜアメリカ人の対中観は見立てが甘いのか

いまのオバマ政権の対中政策は、ニクソンが一九六九年に発表した「グアム（ニクソン）・ドクトリン」に似ています。当時もベトナム戦争の戦費負担があって、国家財政が逼迫していましたし、国民のあいだに厭戦気分が蔓延していました。グアム・ドクトリンは同盟国への防衛義務のコミットメントは維持する半面、同盟各国に対していっそうの自助努力を求めました。そして中国を封じ込めるよりも、国際社会に広くかかわらせたほうが国益に適うと判断して、対中政策を関与政策に転換。一九七一年からキッシンジャー大統領補佐官を極秘裏に訪中させ、翌七二年にはニクソン大統領が訪中します。ベトナム戦争を終結させ、中ソの結びつきを弱める対ソ戦略でもありました。それ以来、関与政策が中国に対する基本政策となったのです。

実際に、中国に対する見方は日米では大きく異なる部分があります。日本にとって中国は、地理的にも、歴史的にも最も身近な国であり、約二千年にわたる交流の歴史がありま す。文化、宗教をはじめ、そこから日本は多大な影響を受けてきました。

一方、アメリカにはアメリカの対中観があり、アメリカ国民の対中感情があると思いますし、地理的関係、交流の歴史もまったく違います。国防総省戦略貿易チーム主任研究員を務め、柳田國男の研究者でもあるロナルド・モース氏は、『「強い日本」を取り戻すためにいま必要なこと』（ＰＨＰ研究所）という鼎談《ていだん》本で、アメリカ人の対中観を次のように語っています。

「『大地』で中国人を描いた作家のパール・バックに象徴されるように、アメリカ人には、中国のオリエンタリズムに対する特別な思い入れがあります。オリエンタリズムには日本も入りますが、日本を中国の一部と考えている人は少なくありません。

とくに戦前のアメリカ人の反日感情は、中国人への思い入れの強さの裏返しです。（中略）キッシンジャーのグループはほとんどが中国好きで、中国とのビジネスにも深く関与しています」

中国との貿易で財をなした家系の出身者には、たとえばフランクリン・ルーズベルト大統領がいます。ルーズベルト家とその親族は、アヘン戦争後の中国との貿易で財をなしたこともあり、ルーズベルト大統領は大の親中派で、中国貿易の利権を奪った日本に対して敵意を抱いていたといわれます。

第一次オバマ政権から第二次政権の前半までは、国際協調、経済政策を重視する関与政策が基本的に継続されてきたわけですが、オバマ政権はその政策によって中国がアメリカや世界秩序にとって脅威となることに注意を払うべきだったと思います。防大生時代に読んだ『国際政治 恐怖と希望』のなかで高坂正堯氏は、十九世紀の段階で「自由貿易がかなり多くの国によって採用されたにもかかわらず、貿易は『相互の自利』をもたらすだけでなく、相互の競争と対抗をもたらした」と指摘しました。

経済力の大小とそのあり方は、国力の基本的な構成要因として、国際政治における権力闘争に大きな影響を与えるからです。そのうえで、高坂氏はアダム・スミスの『国富論』を引用して、富（利益）がもつ二重の性格を説明し、相互依存と平和がイコールでないことを示唆しました。

「隣国の富は、戦争もしくは政略上の交渉においてはわが国に危険を与えるけれども、通商貿易においては利益を与えるものである。というのは、武力衝突が起こったときには、その隣国の富はわが国にまさる陸海軍を備えることを可能にする。しかし、平和が保たれ、相互に貿易がおこなわれるときには、隣国に富があるからこそ、わが国の物産は高い価格で売ることができるのだし、市場を見つけることができるのである」（『国富論』）

オバマ政権以前も、クリントン政権は中国に最恵国待遇を認め、ブッシュ（子）政権では二〇〇一年のWTO（世界貿易機構）加盟を後押ししました。その結果として、急激な経済成長で蓄えた富が軍事費に使われ、経済成長を維持するために力を活用して、より多くのエネルギー・資源・市場の確保に邁進《まいしん》する、現在の中国となりました。国益・国力増大の循環が軍事の透明性の低さと相まって世界の安全保障を揺るがし、アジア太平洋地域の脅威となって、自身に跳ね返ってきているとはいえないでしょうか。アメリカは（もしかすると日本もですが）経済的利益を得る代わりに、「国の平和と国民の安全を守る」という死活的利益を損なう可能性について、もう少し敏感であってもよかったかもしれません。

驚くほど〝日本人目線〟だった震災時の海兵隊

ならば、二〇三〇年までにグローバルパワーの中心地域となるアジアでアメリカとウィン・ウィンの同盟関係を築く条件が揃っているのはどの国か、といえば、やはり日本をおいてほかにはないでしょう。

日米の同盟関係は、両国が自由、民主主義、基本的人権の尊重、法の支配といった普遍的価値や戦略的利益を共有することで支えられてきました。そして日米同盟は、日本とアジア太平洋地域の平和と安定のため、大きな役割を果たしました。冷戦時代の日本と自衛隊がそれぞれ「反共の砦《とりで》」「平和な時代の抑止力」として機能したことが、西側陣営が勝利する一助となったのです。

しかしこれからは、アジア太平洋地域の厳しい安全保障環境に適応した、日米同盟本来の役割である「有事の抑止力、対処力」を実効性のあるものにすることが求められます。そのために日本が主体的に取り組むべき政策・手段が、安倍政権の進める外交・安全保障政策であり、集団的自衛権の憲法解釈変更をはじめとする平和安全法制であると私は理解しています。

そして普遍的価値を背景としつつ、両国は戦略的利益を共有していかなければなりません。とはいえ冷戦時代とは異なり、現在は国家間の相互依存関係が進展し、経済、軍事、エネルギー、金融、宗教、民族問題などの要因が複雑に絡み合う時代です。死活的利益は不変ですが、厳しさを増す国際情勢の変化を受け、それぞれの国の戦略的利益は刻々と変動しています。

同様にその他の国際情勢の問題についても、日米間で認識が完全に一致しているわけではありません。世界、そしてアジア太平洋地域の平和と繁栄は、日米両国の共通した国益でもあるわけですから、中国問題に限らず、広い分野で互いの戦略的利益を共有し、現実的な政策協議を緊密に行なう必要性が高まっています。協議の場で、「日本はこれをします」「日本ができるのはここまでです」、あるいは「アメリカはこれをやってください」と主張できるかどうか。国際情勢が厳しくなればなるほど、本音の政策のすり合わせが重要になってきます。

そうした本音のすり合わせを可能にするのは、相互の信頼関係でしょう。すでに自衛隊と米軍とのあいだには、強い絆が生まれています。数十年にわたる共同訓練、国内外での活動、平素からの指揮官・幕僚協議のほか、さまざまな場を通じた人的交流を積み重ねてきた成果の賜物です。

海空自衛隊と比べて共同訓練の機会が少なかった陸上自衛隊でも、以前から続くアメリカ陸軍との訓練に加え、近年では海兵隊との交流や水陸両用訓練など、共同訓練の機会が大幅に増えました。

平和安全法制、新ガイドラインなどに基づく現場レベルの法整備が進めば進むほど、今後は軍事情報の共有・共通認識、日米共同による情報収集・警戒監視、共同訓練、両国施設の共同使用といった交流の場が質量ともに増大していきます。冷戦時代まで国内しか念頭になく、いわゆる〝国内派〟の私ですら、海外の現場での出会いから始まった人間関係が十年、二十年経って突然活きてくることを何度も経験しました。しかもいまでは二十代から共同訓練や国際貢献の現場を通じ、当たり前のように交流し、深くて幅広い人間関係を構築できる環境が整いつつあります。

手前味噌ではありますが、統幕長の私とウィラード司令官のあいだで、本音で話せる人間関係が構築されていたことが、東日本大震災発生直後の在日米軍による災害救助・救援活動である「トモダチ作戦」をスムーズに機能させたことに寄与した部分もあったかと思います。津波被害で使用不能となった仙台空港は早期再開が不可能と考えられていましたが、在日米軍の尽力によって被災から五日後の十六日には、メインの滑走路を使った被災地への空輸が可能になりました。フォークリフトなどの重機をいち早く持ち込んでくれたことで、自衛隊員と米軍による滑走路のがれき撤去作業が進みました。

現場の指揮官が苦慮したのは、海兵隊に何をしてもらうか、ということでした。「殴り込み部隊」とも称される外征専門の海兵隊にどんな任務を付与するかについて、現場も困っていたのです。災害救助活動は被災者目線でなければトラブルのもとですから、必ず自衛隊があいだに入って自治体と調整したあと、活動してもらうことになりました。しかし蓋を開けてみると、海兵隊員はわれわれも驚くほど〝日本人目線〟で任務を遂行してくれました。

おそらくこれはメディアも報じていない話ですが、じつは米軍からは当初、ＪＴＦ（ジョイント・タスク・フォース）というタスクフォース部隊で救助・救援活動をするという意向が伝えられました。それを聞いて私が「ほんとうにタスクフォースか」と問い返すと、彼らは意を察知して即座に反応し、ＪＳＦ（ジョイント・サポート・フォース）に名称を改めたのです。「タスクフォース」という言葉には、行政機能が付随している、というニュアンスがあり、日本の主権を侵害するようなイメージを与えてはならない、と気を遣ったのでしょう。そうした事実一つとっても、いかに米軍が日本に対して細かい配慮を怠らなかったかがわかるかと思います。

日米が「運命共同体ではない」と教えた原発事故

不謹慎な言い方かもしれませんが、トモダチ作戦では思わぬ収穫もありました。避難所に集まってきた日本人は、過酷な状況でも規律正しく、誇りをもって過ごされていました。そうした日本人を米軍人が称えてやまなかったのです。二〇〇五年八月末にアメリカ南東部を襲ったハリケーン・カトリーナの災害では、軍隊が救助活動にあたりましたが、避難所は略奪暴行の嵐でした。それと比べて日本人は……と感心しきりだったことを、いまでもよく覚えています。

私も海外の災害救助の現場で米軍と一緒になったことがありますが、日本人に対する救助活動の力の入れ方には、凄まじいまでのものがありました。日本人のように礼儀正しく立派な人たちこそ、全力で支援しなければならない、という敬意を感じたのです。とくに米軍人は、軍人ではない奥さんもボランティアで一緒に現場に行くことがあり、夫妻でそうした尊敬の念を抱いた、という話も聞きました。

彼らが日本人の避難所での様子をアメリカや日本で話す。日米関係にとって、それがよいシグナルの発信になったことは、間違いありません。

その一方で、原発事故対応では日米が「運命共同体ではない」と思い出させてくれる出来事もありました。たとえば横須賀基地に住む軍人の家族は福島第一原発からより遠いところへ避難させましたし、空母は太平洋沿岸から八〇マイル（約一三〇キロ）以内には入れませんでした。当局では「アメリカは日本を見捨てたのか」という声も上がりましたが、その判断は自国益を追求する国家として、当然だと思います。五〇〇〇～六〇〇〇人もの乗員がいる空母が汚染される可能性があり、ましてや原子力空母が原発の放射能で汚染されたら、使用不可能になってしまう。乗員は帰国できるでしょうが、その原子力空母は二度とアメリカには戻れないでしょう。

あくまで仮定の話ですが、たとえば隣国である韓国で原発事故が起こったとしたら、日本政府も日本人をすぐに避難させるはずです。アメリカの行為を日本人が非難する権利はありません。

役割分担でいうならば、防衛警備と災害派遣とを比べると、主力艦の空母は防衛警備に注力するほうが現実的で実効的です。原発事故対応は、日本人が生活で使う電気を賄っていたのですから、日本人が主体になって引き受けるのが筋でした。同様に領土の防衛警備に関しても、絶対に譲れない死活的利益は、まずは日本が守る。これがそもそもの大前提で、米軍が先に守ってくださいというのは、筋が通りません。必死に守って、それでも守りきれない。そのときは助けてください、というのが、同盟の本来のあり方ではないか、と思います。

安倍政権の働きかけが新ガイドラインを実現させた

二〇一五年四月二十八日、ホワイトハウスでの首脳会談を終えた安倍首相とオバマ大統領は、戦後七十年の節目を迎えた日米を「不動の同盟国」と位置づける共同ビジョン声明を発表しました。同声明には、「北朝鮮の核・弾道ミサイル開発、拉致問題への対処」「TPP

（環太平洋戦略的経済連携協定）締結に向けて両国が主導する」「（中国やロシアを想定した）力や強制による一方的な現状変更の試みを非難する」旨の文言が盛り込まれました。

会談後の共同記者会見でオバマ大統領は、「日本の安全に対する日米安全保障条約上のコミットメントは絶対であり、第五条は尖閣諸島を含む日本の施政下にあるすべての領域をカバーする」と述べ、安倍首相は「今日、我々は半世紀を超える日米同盟の歴史に新しいページを開いた。それは世界における日米同盟である」と語りました。

かつて壮絶な戦いを繰り広げた両国が、今日では世界的規模のパートナーシップ（日米同盟）を形成し、国際社会に貢献してきたこと、さらに連携を深め、未来志向の日米同盟を築こうとしていることは、歴史に残る出来事であると思います。

首脳会談の前日には、両国の外務・防衛担当閣僚が安全保障協議委員会（2プラス2）で新たな日米ガイドラインに合意しました。アメリカとアメリカ以外の国との連携、つまり集団的自衛権の行使容認にまで踏み込む「これ以上は憲法を改正しないとできない上限」を念頭に置いた画期的な内容でした。

先にも取り上げましたが、ガイドラインは日米両国の役割と任務、協力や調整のあり方についての大枠と方向性を示すもので、日米同盟の実効性を高めるうえで重要な取り決めです。時代に合わせて重点は変遷し、国名こそ記されないものの、対象国を想定して作成されます。条約ではないので国会承認は必要とされませんが、自衛隊の活動領域を広げるような改定の場合、根拠法の整備が求められます。

一九七八年版のガイドラインは、冷戦時代の日本有事への対応が中心であり、旧ソ連の日本侵攻に対していかに日米が共同対処するかが焦点でした。

一九九七年版のガイドラインは、北朝鮮の核開発など脅威の高まりを受け、朝鮮半島有事、台湾有事といった周辺事態への対応を含めた協力範囲の拡大がありました。その実効性を高めるため、「周辺事態安全確保法」「船舶検査活動法」などの法律が整備され、その後、北朝鮮のミサイル発射などの事態を受けて、日米共同でミサイル防衛システムが導入されることになるのです。

湾岸戦争をきっかけとして、日米同盟や安全保障問題の議論が活発化し、政治家が日米同盟の重要性を正面から発言するようになりました。しかし、それでも自衛隊法のやや牽強《けんきょう》付会《ふかい》ともいえる法解釈、特別措置法などの手法で国際貢献の領域を広げていったこともすでに述べたとおりです。

十八年ぶりの改定となる二〇一五年版の新ガイドラインでは、台頭する中国に対して日米が共同でいかに対処するか、そしてグローバルな平和と安全のためにどのような協力を行なうか、が焦点でした。

より具体的にいえば、日本側の狙いは、尖閣諸島防衛をはじめとする日本の防衛にシームレスに対応するため、アメリカのコミットメントを確実なものとし、有事の抑止力と対処能力を向上することにありました。一方、アメリカ側の狙いは、グローバルな諸問題を解決するために日本の役割分担を拡大させる。いわば、日米同盟のグローバル化にあったといえるでしょう。

当初の予定では、ガイドライン改定の期限は二〇一四年末でした。しかしアメリカには日中の領土紛争に巻き込まれる懸念から、日本の防衛にコミットメントすることに消極的な論調すら出ていました。日本防衛が空手形に終わるようなら、そもそも改定の意味がありません。

二〇一五年三月、裏づけとなる平和安全法制の全体像が与党協議会で実質合意に達します。安倍政権の主体的な取り組み、積極的な働きかけが、中国の海洋進出による脅威の高まりと相まって、双方の戦略的利益を満たす合意を実現させたように思います。外交では失策を続けたオバマ政権にとっても、この改定は大きな成果となりました。

六事態と自衛隊の行動

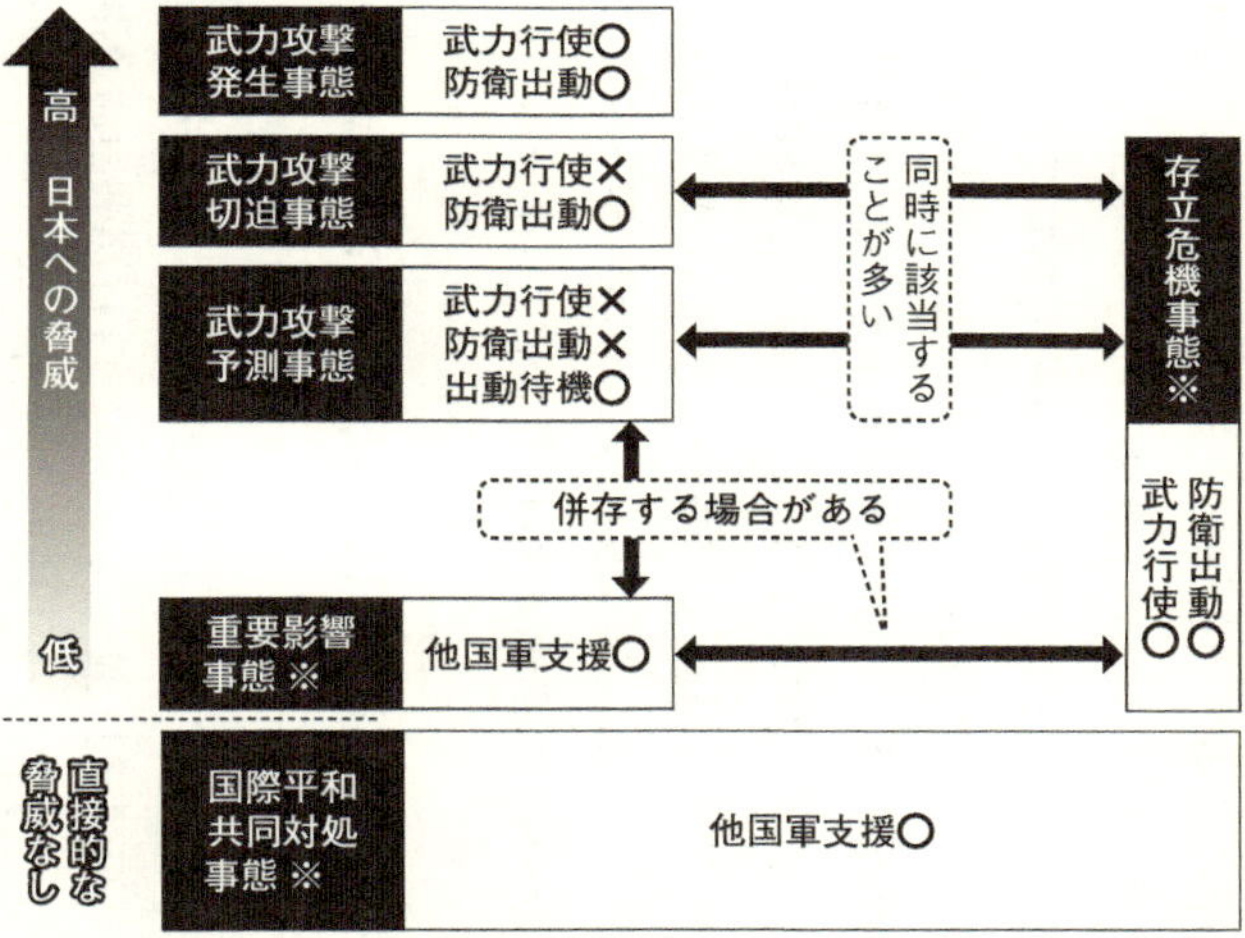

※は平和安全法制で新設。政府見解に基づき作成

出所：東京新聞

新ガイドラインと平和安全法制の関連性

目的・事態		ガイドライン	平和安全法制
日本の平和と安全	平時（グレーゾーン事態を含む）	警戒監視 米艦などアセット防護	自衛隊法改正
	重要影響事態	後方支援の拡大	周辺事態法改正
	存立危機事態（集団的自衛権）	機雷掃海 弾道ミサイル防衛 船舶検査	自衛隊法、 武力攻撃事態法改正
	武力攻撃事態（個別的自衛権）	島嶼防衛	
国際社会の平和と安全		国際的な紛争で米軍や多国籍軍を後方支援	国際平和支援法（恒久法）
		人道復興支援活動 治安維持活動	PKO協力法改正
		船舶検査による海洋安全保障	船舶検査法改正

出所：時事ドットコム

新ガイドラインには、平時から有事の三事態（その後、安保法制は「武力攻撃発生事態」「武力攻撃切迫事態」「武力攻撃予測事態」「重要影響事態」「存立危機事態」「国際平和共同対処事態」の六事態に修正）までの各事態に応じた、日米協力の内容が盛り込まれています。

「切れ目」における新しい日米協力のあり方とは

新ガイドラインでは、これまで切れ目となっていた対応の部分を改め、適切な対応ができる日米協力のあり方を具体的に示しています。

島嶼防衛ではまず、法的執行機関である海上保安庁や警察が警察力で対処し、必要に応じて自衛隊が治安出動、海上警備行動、さらに事態が悪化すれば防衛出動で対応するという日本の法体系は変わりません。一方、陸上攻撃に対処するための自衛隊の作戦に、島嶼防衛・奪回という要素が入り、もちろん日本が主体的に作戦しますが、米軍が自衛隊の作戦を支援、あるいは補完すると合意されたことには、大きな意義があります。

また、日米協力に「アセット（装備品）防護」が新設され、日米が共同で領海と周辺海域の警戒監視を行なう最中に米艦が攻撃された場合、自衛隊が武器を使用して守ることができる、としました。公海上での共同訓練中に米軍が攻撃された場合も、同様の対応がとられます。従来は自衛隊が攻撃されないかぎり、「グレーゾーン」とみなされてそこに切れ目が生じていました。

さらに前ガイドラインまで日米協力の範囲は「周辺事態」に限定されていましたが、今回の改定で、「日本の平和及び安全に重要な影響を与える事態に対処する」場合の後方支援については、地理的な制約が取り払われました。国会答弁では、ホルムズ海峡の事例を挙げて、アメリカ以外の国を守る可能性に言及しています。

ホルムズ海峡が機雷で封鎖されると、日本への原油供給の八割がストップし、日本経済と国民生活が成立しなくなってしまいます。「備蓄があるから大丈夫」という意見は非現実的です。日本の国家・民間備蓄は、わずか半年（約百八十八日）分の原油、石油製品を賄う量しかありません。内訳は石油が国家と民間合わせて約百四十二日分、電源構成の四〇％を占めるＬＮＧ（液化天然ガス）は約十三日分、石炭が約三十三日分です。

海峡封鎖が一カ月も続けば、国民のあいだに不安が広がってパニックが起きかねません。原油供給がストップしたときの備蓄は心理的に「半年分ある」ではなく、「半年分しかない」となるものです。そこで自衛隊を派遣せざるをえなくなることが、容易に想像されるでしょう。政府は事前にその事態を想定し、根拠法と実行の準備をすべきなのです。

また今回の改定で、日米であらゆる状況に切れ目のないかたちで実効的に対処するため、「調整メカニズム」を平時から活用することになりました。軍事的には計画の立案、運用、そして訓練・演習を適時に実施することが可能となり、対処力が大幅に向上します。現代戦は軍事作戦の領域が、陸・海・空・宇宙・サイバーの五空間に拡大しているため、日米、あるいは多国間での軍事作戦では役割分担や情報共有といった運用が複雑化しています。さまざまな状況を想定して、訓練・演習を積み重ねて練度を高めなければ、いざというときに機能しません。

とくにA2／AD（接近阻止／領域拒否）戦略をとる中国軍は、衛星破壊などの宇宙戦、サイバー部隊を活用したサイバー作戦と電波で、相手のレーダーなどを封じる電子作戦の融合を重視しているといわれます。

日米がサイバー・電子作戦に対抗する際、第2章でも述べた日本の基地や施設の「抗堪性」が重要になります。艦艇や航空機のレーダーや指揮管制システムがサイバー・電子戦で攻撃を受けても、抗堪性の高い日本の基地や施設の機能で補完できるからです。

そしてもちろん、「日米同盟のグローバル化」は軍事活動にとどまるものではありません。

人道支援・災害救援活動では、世界水準にある日本の医療技術をエボラウイルスなど新型感染症対策などに積極活用して、多くの命を救い、将来の死者の増加を阻止することが期待されています。

強調しておかねばならないのは、新ガイドラインの要諦である「切れ目のない」日米協力の最大の狙いは、有事の発生を未然に防ぐ抑止力の向上だということです。

自衛隊は最悪の事態を想定して、平時に訓練する組織です。集団的自衛権の行使容認や国際貢献の領域拡大によって、日米同盟のグローバル化で多国間演習への参加も増えていきますが、この平時の訓練こそが、有事の抑止力と対処力を高めているのです。軍事の専門家が演習をみれば、練度がわかります。そこでシミュレーションして勝ち目がないと理解ができれば、強力な抑止となります。

最悪の事態を想定するのは危機管理の基本中の基本であり、もちろんそれが現実に起きることを望んでいるわけではありません。日本が平和であり、日本人が日々の生活を安全・安心に暮らすためにも、有事は起きないことがいちばんに決まっています。想定されるあらゆる有事に「対処できるようにすること」と「実際にすること」はまったく別ですし、それを決めるのは政治の役割です。

福島第一原発事故はなぜ起きたのでしょうか。直接の原因は大震災による津波の被害ですが、ほんとうのところは違います。「原発事故が起きない」という安全神話に胡坐《あぐら》をかいた甘い想定で、最悪の事態に対する備えを怠っていたことが真因ではないでしょうか。そうでなければ少なくとも、電源喪失という最悪の事態は避けることができたはずです。二度と同じ轍《てつ》を踏んではなりません。今回の新ガイドラインや平和安全法制が、その備えになる。そう確信しています。

「巻き込まれる」ことへの歯止めを担保せよ

一方で集団的自衛権の行使容認に関しては、アメリカの戦争に巻き込まれる、という批判があります。現行の法体系では、巻き込まれようにも巻き込まれることがない縛りがかかっていますが、集団的自衛権の行使が条件つきで可能になれば、理論上はたしかに日本とは関係ない戦争に巻き込まれる可能性が残ります。

その点に国民が懸念を抱いているとすれば、これからの日米の協議などの場で集団的自衛権行使の要件を説明し、どこまでできる・できないかを明確に主張すべきでしょう。その結果を国民に透明性をもって説明する必要が生じます。いわゆる「巻き込まれ論」については、それが歯止めになるように思います。

第3章で説明したように、東アジアにおける日本の地政学上の価値はいま、飛躍的に高まっています。それに加えて東南アジアへの企業や文化の浸透度、双方の心情的な共感度は率直なところ、アメリカよりも日本のほうが強いのではないでしょうか。それはアメリカが東南アジアで活動したり、枠組みづくりをする際の、一つの外交カードにもできるはずです。政府が真剣に検討するに値することです。

仮定の話ですが、万一、アメリカが中国と武力衝突するとしても、そのとき日本の後方支援がないことをイメージすれば、その価値の重さを再認識するにちがいありません。アメリカは海空上で衝突することになり、陸からの支援がないからです。この戦い方は非常に不安定なものになります。

戦闘機を搭載する空母は一隻で中規模国の攻撃力があるといわれるほど高いのですが、防御力はそれほどではありません。中国は陸地から地対空ミサイルや地対艦ミサイルを撃って援護するなかで、海上と空から攻撃・防御ができます。陸海空のトータル・ディフェンスです。アメリカとしては、日本を防波堤兼陸の拠点にしつつ、後方支援もしてもらいたいと考えるはずです。

そもそも論ですが、これから中国のＧＤＰがアメリカを抜いて世界一になるかもしれない時代が来るとはいえ、日米の経済力を合わせた規模は、いまだに巨大なものがあります。中国がＧＤＰで世界一になったとしても、日米二カ国の経済的な影響力や発言力を世界は絶対に無視できません。もともと日本の価値は経済、軍事、文化、国際社会の各分野でそうとうな存在感があるわけで、アメリカの国力が相対的に弱くなればなるほど、逆に日本の価値は上がっていくのです。

いまほんとうに必要なのはアメリカの専門家だ

そこで、アメリカを日本の国益に〝巻き込む〟という戦略を練る意味でも、日本に国家安全保障会議（ＮＳＣ）が創設されたことは大きいでしょう。日本のＮＳＣにとっては外務省、防衛省の連携が当然必要ですが、私はむしろ、ＮＳＣ相互の継続的な本音の戦略協議・政策協議がより重要になると思います。ＮＳＣが目の前にある事態だけでなく、中長期的な視点からの見積りと戦略（作戦）見積りを行なう戦略的議論の活性化の場になっていくことを期待しています。

ここで情勢見積りをするにあたって不足しているのが、じつはアメリカの専門家ではないでしょうか。日米安保とそれ以前のGHQによる占領時代を合わせて戦後七十年間、日本はアメリカと歩調を揃えてきたこともあり、主体的に何かを考えようとする場合においても、アメリカは正しい、アメリカとは敵対しない、ということが、そもそも所与の条件になってしまっているところがあると思います。そうしたなかで得られる情報や情勢判断だけでは、ほんとうに必要な対米戦略の立案が行なえません。

一方、そうではないグループの人たちは、いわばイデオロギー的に反米で、アメリカのやることなすことにすべて反対ですから、ここからもあまりよい知見は得られません。中国や北朝鮮、ロシアの専門家であれば、研究の成果を戦略立案にも活用できる方が思い浮かびますが、アメリカ研究の専門家は……というと、正直、なかなか名前を挙げることができません。

六十年ものあいだ同盟を組んで、おそらくこれからもこの関係は続くわけですから、その相手こそ詳細に研究し、強みも弱みも熟知しておくべきであるにもかかわらず、それができていない。アメリカが本音で何を考えているかを読み取れないから、主体的に対米戦略をつくることができない、という部分もあるでしょう。

米中接近のニクソン・ショックによって、日本は手痛い目にあいました。頭越しに極秘交渉され、梯子《はしご》を外されたのです。慌てて日本も日中国交正常化に動きますが、ニクソン大統領がキッシンジャーによる極秘の米中交渉を明らかにしたのが一九七一年七月、突然の訪中が翌年二月。日中の国交正常化は一九七二年九月です。結果的には日中共同声明により国交正常化できましたが、事前交渉の段階では何も決まっていませんでした。アメリカは十分準備して、実際に国交を樹立したのは一九七九年。まさに戦略的な行動といってもよいでしょう。

ＡＩＩＢ（アジアインフラ投資銀行）は日米が不参加の状態で、設立の準備が進んでいます。しかしすでに極秘裏に交渉を進めていて、どこかの段階でアメリカが突然、参加を発表する、という可能性はゼロではありません。その後、「やっぱり参加させてください」と日本が頭を下げるのが、いちばんよくない状況でしょう。

アメリカのシンクタンクの研究者やアナリストには、日本のシンクタンクと違って、政策に直結するような力をもっているところが多数あります。もしくはシンクタンクや大学・大学院での研究を政策に反映させていく仕組みができあがっているといってもよい。日本のシンクタンクや大学は、政策につながる研究を行ない、政府の側は政策に反映させる仕組みをつくる。アメリカ研究の専門家がいないなら、意識的に育てていくしかない段階に来ているのではないかと思います。

終章

戦後七十年、「真の自立」へと歩を進めよ

安全保障の究極的な目標は「自由度」の確保

二〇一三年十二月に閣議決定されたわが国初の「国家安全保障戦略」は「国際協調に基づく積極的平和主義」を理念として、国家安全保障の目標を三つ挙げています。簡潔にいえばそのポイントは、「国の平和と安全、繁栄」といえるでしょう。とはいえ、あまりに普遍的な目標であるがゆえ、国民や国際社会に発信する日本独自のメッセージとしては、力強さに欠けるところもあるかと思います。

たとえば私なら、昨今の安全保障環境の変化を踏まえ、それを「自由度の確保」とシンプルに表現します。資源の少ない海洋国、貿易立国の日本にとって、公海での通航を制約されたり、領海・排他的経済水域（ＥＥＺ）での権利が侵害されれば、国の存立が危うくなります。個人のレベルでは、経済活動の自由があり、日本のパスポートで世界一七〇カ国に査証《ビザ》免除で入国できる渡航の自由度が高いことが、グローバルな経済活動のベースになります。通航・海洋利用、移動や渡航の自由度が確保できないことには、国の平和と繁栄、国民の安全もありません。ですから中国の南シナ海や東シナ海への進出に対しては、万全の警戒体制を整えておく必要があります。

そもそもなぜ、中東まで自衛隊が出ていって他国と共同でホルムズ海峡の通航の自由度を確保する場合がありうるのかといえば、繰り返し述べてきたように、日本にとってシーレーンを自由に通行できることが、死活問題になりうるからです。シーレーンのチョークポイントが集中する南シナ海が中国によって自由度を浸食される現状を、このまま放置しておけば、日本の国益にも反するでしょう。

一方、たとえばシーレーンに影響しない事態での中東派遣やアメリカの戦争をたんに後方支援するための派遣は、日本の自由度の確保とは無関係ですから、安全保障の対象外、と考えれば、集団的自衛権の本質もよりわかりやすくなるのではないでしょうか。

そうした「自由度の確保」と安全保障、そして平和、国家の盛衰までもが密接につながっていることを、あらためていま、日本人は認識すべき時期に来ているのではないか、と思います。戦後七十年、たしかにわが国は平和で安全な社会を築き上げ、世界でも稀なる繁栄を享受してきました。しかし、あくまでそこには「アメリカの核の傘の下」という特殊な条件が存在していたのです。「平和」と唱えれば「平和」が訪れるのではないことを、そろそろ自覚すべきではないでしょうか。

そこで必要とされるのは、たんなる安全保障というよりも、いわば「総合安全保障戦略」ともいえる発想でしょう。国家にとってのリスク（弱点）を、政治、経済、外交などの面からトータルにみて、それをできるかぎり縮減し、実際にリスクが顕在化した場合の損害を限定していく、という安全保障上の考え方です。

その手段の一つとして、たとえば日米同盟を強化し、台頭する中国の脅威に対処する、という考え方もあるわけです。しかしそれは決して中国と敵対することが目的でも、目標でもありません。逆にいえば、中国が国際ルールを守り、大国としての責任を果たすスタンスを国際社会でとりはじめ、大都市から徐々に民主化していきながら現在の世界秩序に従って大国として成長していくならば、それが日本にとってもベストシナリオです。

たとえばそのためには、「中国にもっと日本を知ってもらう」ということが重要になるかもしれません。ソフトパワーで中国をソフトランディングに導く、ということです。日本を訪れた大勢の中国人観光客が日本製品を〝爆買い〟し、和食好きになって世界に普及してくれる。日本のよさを知り、民主化して社会が成熟すれば民度も上がる。つまり、訪日中国人観光客を増やすこともまた、総合安全保障戦略の範疇《はんちゆう》に入るのです。

二〇一四年六月に閣議決定した成長戦略のなかにも、観光業の拡大が盛り込まれました。

二〇二〇年の東京オリンピックまでに二〇〇〇万人、さらに二〇三〇年までに三〇〇〇万人の外国人旅行者数と一〇兆円規模の経済効果を目標としています。二〇一四年の訪日外国人観光客数は一三〇〇万人を超え、十一月時点でのトップは中国人の三〇三万人です。

中国、中国人とのビジネス拡大は、国力を高めるにはもってこいの起爆剤です。経済力向上の根っこは人口増ですが、それが難しければ、外国人観光客の力を借りるのも悪くありません。

あるいは経済的な相互依存が深まることで、安全保障上の関係に変化が生じることも知っておくべきでしょう。中国は二〇一〇年にレアアースの最大の輸出先だった日本に輸出規制をかけ、それを対日交渉のカードにしたことがありました。紛争が起きると、その他の資源問題や経済的な問題に飛び火することがあるので、安全保障は政治・経済・外交のトータルで対処せざるをえません。中国のレアアース輸出規制に対して日本は、供給先の多角化と代替素材の開発で対抗し、中国依存からの脱却を進めています。

中国がレアアースを交渉カードにしたように、相互依存といっても、完全にパリティ（五分五分）の相互依存は、ほとんどないように思われます。一方が全面的に近いかたちで依存している、ある分野の技術で依存しているが経済全体は依存していない、軍事は依存しないが経済は依存している、などさまざまな関係性が考えられます。

南シナ海の現状をみると、中国の経済力に依存する部分があるため、周辺国が領土問題で強く出られない側面が事実としてあり、友好関係の方向に引っ張られる現象も起きています。相互依存の関係性を詳細に分析していけば、ASEAN諸国も自国に弱い部分ばかりではなく強みがあることもわかり、逆に中国の弱みが浮き彫りになるかもしれません。

こうした総合安全保障については、本来は経済が伸びているあいだに周到に準備を進めておくべきだったのかもしれません。経済が好調で余裕のある時代であれば、その改革の過程で生じる痛みにも、ある程度は耐えることが可能だからです。経済力を上げて国債発行を抑制し、政策的経費に使える財政の自由度を高める。日本の安全保障にとって、見逃されがちではありますが、重要なポイントでしょう。低成長のなかでどのような信念をもって国づくりをしていくか。これから課題先進国として、日本が取り組むべき問題であると思います。

世界各地から「生きた情報」を摑み、活用する

一方で、平和安全法制が成立すれば、たとえば自衛隊が中東で機雷掃海作業をしたり、戦

闘現場以外の場所で後方支援をしたり、邦人救出を他国で行なったりする事態も考えられます。国際平和支援法では、非戦闘地域でしか活動できなかった従来の方針を改め、「戦闘現場」と「戦闘現場以外」に分け、戦闘現場以外の後方支援に道を開きました。そして、防衛大臣が戦闘現場以外に設けられる実施区域の指定を、安全を確保しながら弾力的に行なえるようにもなりました。実施区域は「戦闘がおこなわれる見込みのないところ」が指定されます。

そこで中東にせよ、アフリカにせよ、適切な判断を下していくためには、つねに現地の情報に目を光らせ、現地の情勢を的確に把握しておかなければなりません。さらにいえば、現地の情勢が日本にどんな影響を及ぼし、いかなる対応が必要かを考える時代になってきたようにも思います。遠い世界の他人事《ひとごと》ではない世界の現実が、日本にどのような影響を及ぼすのか。それに気づきはじめた日本人の目が、ようやく外に向きはじめた段階といえるのではないでしょうか。

これまで世界の隅々にまで進出して活躍したのは、たとえば商社の人たちでした。しかしビジネス目的で出ていくのと、世界や日本の安全保障のために出ていくのとでは、得るべき情報の質も変わってきます。そこでは現地大使館・領事館の役割も、たんなる外交の場から安全保障戦略の情報・活動拠点という本来の姿に変わらざるをえないし、そうなるべきでしょう。大使館員は日本の国益とは何かを考えて情報収集・分析を行ない、対応のオプションを複数想定しておかねばなりません。

大使館が本来の役割を果たすことで、世界各地から日本へ「生きた情報」が飛び込んできます。しかし、それを外務省が抱え込んでいるだけでは、有効活用などできるはずがありません。縦割り組織は横串を通す「組織の組織化」を経て、真に組織化します。東日本大震災対応の経験から、都道府県と市町村との連携、各企業間の連携の連続を経なければ、つまりつねに横串を通していなければ、何事にも対応できないことを痛感しました。

現在ではNSCが求心力となって関係機関から情報が集まるようになっており、情報を並べて羅列する段階から、総合的な情報見積りを実施する段階に進んでいかなければなりません。わが国の強みと弱み、相手国の強みと弱み、その他の特記事項、第三国の強みと弱み、そうした国別の縦割り情報に横串を通しながら、情報を整理していく。そして整理された情報に基づいてNSCが真の戦略をつくりあげていくことが、次のステップです。

戦略づくりの第一歩である情報見積りと情勢判断は、主体的に考えることに慣れていない日本人には不得手なところもあるでしょう。しかしそこで相手に先を越されたら、その時点ですでに主体的に動けていないことになる。相手の戦略に追随して、自分たちの役割を当てはめていくことしかできなくなってしまうのです。

「積極的平和主義」の先にある「真の自立」とは

さらにより大きな話となりますが、そうした戦略的思考を育てていく大前提となるのが、ありきたりと思われるかもしれませんが、教育ではないでしょうか。戦後教育で育った私たちは、民主主義や自由などについては重点的に教わってきましたが、その視点はほぼ、国内に向いていました。海外をみる目、あるいは「外からみた日本」という視点が欠けていたのです。最近はインターナショナルスクールで学ぶ人も増えていますが、これは逆に外向きの視点に偏りがち。日本を内と外の両方からみる。そうした視点次第で、安全保障の世界はもちろん、ビジネス界でも日本が存在感を発揮できるかどうかが決まるのではないでしょうか。

じつのところ、そうした教育を現代よりもはるかに意識的に行なっていたのが、明治維新を経てあっという間に世界の列強へと駆け上がった戦前日本の教育ではないか、と思います。そのなかでも自由度が高く、世界のなかの日本、という視点を意識的に教えていたのは大正時代だったでしょう。国力が上がり、大正デモクラシーの流れを受け、教科書には軍国主義も見当たりません。当時の尋常小学校六年生の国語の教科書には、次のような記述がみられます（日下公人他『「強い日本」を取り戻すためにいま必要なこと』〔ＰＨＰ研究所〕より引用）。

第1課は「明治天皇御製（和歌・筆者注）」で、和歌で天皇の人柄を見せ、第2課の「出雲大社」では神話を教え、第3課はいきなり「ダーウィンの進化論」に触れています。

第8課は「ヨーロッパの旅」で外国に目を向けさせ、第9課は「月光の曲」を取り上げて、ベートーベンが月光の曲を作ったときのエピソード紹介です。（中略）その先は、日本や外国、道徳の説話などを織り交ぜながら教えています。第18課では法律を教え、第13課の「国旗」で世界各国の旗の由来を教えている。第14課で「リア王物語」と、シェークスピアを通じて海外の文化を紹介し、第22課は「トーマス・エジソン」の発明物語。

ヨーロッパの旅があり、ドイツ、英国、アメリカと満遍なく出てくるのをみると、当時の教科書から国際化教育がなされていたことがうかがえます。

最後の第27課は、「我が国民性の長所短所」で締められます。(中略)

まず日本の国粋主義をさりげなく教え、自分の国に誇りを持てるように、日本のいところや日本人の先達の偉業を教えた。そうして自信を持たせてから、外国の偉人のことを教えた。免疫を作るワクチンと同じように、外国のいいところも教えておく。子どものときの教育が、対思想戦の準備となっていたんです。

ほかの課では、鎌倉、奈良の古都、新聞、商業、わが国の木材などを題材にしていて、国語に多様な教科の内容が入った総合学習できる教科書になっています。27課まで理解しないと卒業にならなかったわけですから、レベルの高さに驚かざるをえません。

おそらくそうして日本の屋台骨を再構築していく試みの先に、日本にとって真の「自立」があるのでしょう。いまやアメリカの国力は相対的に低下し、アジアでは中国というパワーが台頭してきた。他の地域も多極化の方向に向かっています。安倍政権の「積極的平和主義」は正しい方向であると確信していますが、アメリカとの結びつきを深めた先に何が待っているのでしょう。主体的とはすなわち必然的に「自立する」ということですから、自らが何をすべきか、という狙いなり、目的がそこになければなりません。

軍事の世界に有名な言葉があります。十九世紀、大英帝国の宰相を務めたパーマストン卿は、「英国には永遠の同盟国もなければ、永遠の敵対国もない。あるのは永遠の国益のみだ」という言葉を残しました。この世は諸行無常、永遠の同盟国も永遠の敵対国もなく、日米同盟といえども例外ではありません。日本が真に自立した姿を想像することは、日本の国家目標を考えることと、ほぼ同義であるともいえましょう。

たとえるならば、これからの日本は政治・外交・経済・防衛の四角錐の頂点、すなわちそれこそが国家目標ともいえる一点に向かってすべての力を注ぐ、ということが必要になるのではないか、と思います。戦後の日本は四角錐の四つの角それぞれが、必死に努力を続けてきました。しかし、その結果として出来上がったのは圧倒的な繁栄を享受しつつも、全体でみたときには統一感のとれない、ある意味ではいびつなかたちの国家であったのかもしれません。世界の安全保障情勢が混沌とし、高度経済成長期からバブル崩壊を経て成熟社会に入った段階だからこそ、ベクトルを一つの方向に結集し、日本人の力をまとめあげていく。そうした意識がいまこそ、求められるのではないでしょうか。

おわりに

今日も初老の男たちが、日本から南へ約三〇〇〇キロ下ったパラオの海に潜っています。五八六もの島々で形成されるパラオ共和国は、世界遺産の景勝地「ロックアイランド」をはじめ、数多くのダイビングスポットで知られる観光国です。しかし、彼ら〝オヤジ〟たちはダイビング三昧《ざんまい》の余生を過ごすために長期滞在しているわけではありません。

フード一体型のマスクで首全体を覆い、手首はリングロック式で完全に密閉、呼吸用のレギュレータも海水がマスク内に入らない構造をしています。さらに耐薬品コーティングされた厚手の生地でつくられたダイビングスーツを着用して、コロール州周辺の水温三〇度の海域で、化学物質処理にあたっているのです。太平洋戦争の激戦地であるパラオでは、沈没した貨物船の船倉や海底で七十年以上放置された爆雷から猛毒の化学物質が海中に溶け出し、人体被害、環境汚染の原因となっています。

退職自衛官を中心に二〇〇二年に創設された国際協力NGO「日本地雷処理を支援する会

（ＪＭＡＳ）」は、二〇一二年よりパラオでの活動を開始しました。パラオのペリリュー島には、日本政府が建立した「西太平洋戦没者の碑」があり、二〇一五年四月九日、戦没者慰霊のため、同国を訪問中の天皇、皇后両陛下が供花して犠牲者を追悼されました。ＪＭＡＳの現地スタッフ五名は前日の両陛下主催の懇談会に参加し、一人ひとりが自己紹介したあと、天皇陛下から激励のお言葉を頂戴しました。

二〇名ほどの駐在スタッフを抱えるＪＭＡＳの国際貢献活動は、自衛隊が初めてＰＫＯ派遣されたカンボジアの不発弾処理からスタートしました。私は名誉職の会長として自衛隊ＯＢのＮＧＯ活動を陰になり日向《ひなた》になって支援しています。カンボジアを皮切りに、ラオス、アンゴラ、アフガニスタン、パキスタン、パラオと活動の重点地域を移しつつ、活動内容も地雷・不発弾処理から、水道改善、道路整備、学校建設などへと進化させてきました。

カンボジアでの地雷処理は、活動終了と拡大を繰り返しながら、現在でも着実な成果を上げています。そこに一つの転機が訪れます。発端は、対人地雷除去機や建機を提供する協力企業の担当者と、ＪＭＡＳの現地スタッフが交わした何げない会話でした。

「地雷処理だけでは村の復興にはつながらないのではないですか。内戦による地雷で生活基盤を汚染された村人たちに〝安心で安全な〟生活を取り戻してもらうことはできないのですか」と聞くメーカー担当者に、現地スタッフが答えます。

「日本のNGO無償資金協力は、地雷や不発弾処理の単独事業しか認められないのですが、たしかに実態とかけ離れている感じがします。でも……そうだ。対人地雷除去機とブルドーザなどの建機を組み合わせれば、新たな資金がなくても村の基盤整備ができますよ」

そして二〇〇六年、道路、ため池、井戸、そして学校を建てる「安全な村づくり」がJMASの新たな活動に加わることになったのです。村人も大喜びするにちがいない。現地スタッフは勇んで村長を訪ねます。作業協力を打診したものの、キッパリと拒否されてしまいました。

「私たちは、お金も機械ももっていません。またみなさんの道路工事などを手伝うと、ポル・ポト時代の強制労働の〝悪夢〟を思い出します」

国際貢献も、外交も、安全保障も、相手があって初めて成立します。カンボジアが背負う悲しい歴史を忘れ、支援してやるのだから村人たちが協力するのは当然、という自己中心の姿勢に問題があったのです。〝オヤジ〟たちは半年間、自分たちだけで安全な村づくりの作業に没頭しました。

初めての協力者は子どもたちでした。気温四〇度の炎天下のもと、測量の手伝いをしてくれたのです。この日を境に村人の態度は一変しました。バナナを差し入れて激励してくれ、やがて道路補修・整備などで協力を得ることができるようにもなりました。

それから六年が過ぎたとき、約五〇〇ヘクタールで地雷を処理して宅地や農地に変え、二〇キロの道路・側溝、二五個のため池と一〇個の井戸、四校の小学校を建てることができました。安全な村づくりは、新入植者を迎える次のステージに突入しています。村には子どもたちの笑顔が溢れ、大人たちは活気を取り戻しつつあります。

「私たちは、村の将来に夢がもてるようになりました」という村長の言葉は、現地スタッフにとって何よりの勲章でした。

ポル・ポト内戦から国連PKO活動で国内和平を達成したカンボジアは、二〇〇六年以降、PKOに部隊を派遣する国になりました。そこでカンボジア軍から国連PKOにおいて道路整備などの施設分野で貢献したい、ついては高い技術と実績をもつ日本に、必要な教育訓練をお願いしたい、と支援要請があったのです。JMASの自衛隊施設科OB主体のチームがプロジェクトを受注し、カンボジアの教育訓練現場では、現役とOBが共同で取り組んでいます。

世界各地にはいまでも戦争の傷跡が残り、新たな紛争が生起しています。自衛官時代に有事の対処力として身につけた技術を、平和で安全な国づくりに活かすという国際貢献のかたちもあるのです。防衛力整備のような大上段の議論ではなく地道な取り組みですが、民間交流によって日本の味方を増やし、敵視する国を減らす。これも総合安全保障戦略に則った立派な活動ではないでしょうか。多くの自衛官たちは、その意義を現場で実感しています。そうした現場の声が、少しでも日本が向かうべき道によい影響を与えてくれたら、とも思います。

カンボジアでの不発弾処理では、私も現地の活動を視察しました。現地の小学校を訪問すると、子どもたちが戦後日本のはな垂れ小僧のように、目を輝かせて裸足で走り回っています。世界の平和と安全に貢献しながら日本の安全保障にも役立ち、子どもたちの将来をも少しは支援することができる。これほど幸せなことがあるでしょうか。戦後七十年、転期を迎える日本の安全保障を陰ながら、こうした活動を通じ、これからもサポートしていくつもりです。

最後に、本書をまとめるにあたっては、多くの方々のお力添えをいただきました。なかでもPHP研究所の金子将史首席研究員からは貴重な示唆を、新書出版部の藤岡岳哉氏からも多くのアドバイスをいただきました。謹んで御礼申しあげます。

折木良一

二〇一五年六月

編集協力：清水 泰

PHP新書

PHP INTERFACE
https://www.php.co.jp/

折木良一［おりき・りょういち］

1950年熊本県生まれ。第3代統合幕僚長。72年防衛大学校（第16期）卒業後、陸上自衛隊に入隊。97年陸将補、2003年陸将・第九師団長、04年陸上幕僚副長、07年第30代陸上幕僚長、09年第3代統合幕僚長。12年に退官後、防衛省顧問、防衛大臣補佐官（野田政権、第二次安倍政権）などを歴任。11年の東日本大震災では災害出動に尽力。12年アメリカ政府から四度目のリージョン・オブ・メリット（士官級勲功章）を受章。

国を守る責任
自衛隊元最高幹部は語る　PHP新書999

二〇一五年七月二十九日　第一版第一刷
二〇二五年二月二十日　第一版第四刷

著者――折木良一
発行者――永田貴之
発行所――株式会社PHP研究所
東京本部――〒135-8137 江東区豊洲5-6-52
ビジネス・教養出版部 ☎03-3520-9615（編集）
普及部 ☎03-3520-9630（販売）
京都本部――〒601-8411 京都市南区西九条北ノ内町11
組版――有限会社エヴリ・シンク
装幀者――芦澤泰偉＋児崎雅淑
印刷所
製本所――大日本印刷株式会社

ISBN978-4-569-82624-0

ＰＨＰ新書刊行にあたって

「繁栄を通じて平和と幸福を」（PEACE and HAPPINESS through PROSPERITY）の願いのもと、ＰＨＰ研究所が創設されて今年で五十周年を迎えます。その歩みは、日本人が先の戦争を乗り越え、並々ならぬ努力を続けて、今日の繁栄を築き上げてきた軌跡に重なります。

しかし、平和で豊かな生活を手にした現在、多くの日本人は、自分が何のために生きているのか、どのように生きていきたいのかを、見失いつつあるように思われます。そして、その間にも、日本国内や世界のみならず地球規模での大きな変化が日々生起し、解決すべき問題となって私たちのもとに押し寄せてきます。

このような時代に人生の確かな価値を見出し、生きる喜びに満ちあふれた社会を実現するために、いま何が求められているのでしょうか。それは、先達が培ってきた知恵を紡ぎ直すこと、その上で自分たち一人一人がおかれた現実と進むべき未来について丹念に考えていくこと以外にはありません。

その営みは、単なる知識に終わらない深い思索へ、そしてよく生きるための哲学への旅でもあります。弊所が創設五十周年を迎えましたのを機に、ＰＨＰ新書を創刊し、この新たな旅を読者と共に歩んでいきたいと思っています。多くの読者の共感と支援を心よりお願いいたします。

一九九六年十月

ＰＨＰ研究所

PHP新書

［社会・教育］

117 社会的ジレンマ　山岸俊男
134 社会起業家「よい社会」をつくる人たち　町田洋次
141 無責任の構造　岡本浩一
175 環境問題とは何か　富山和子
324 わが子を名門小学校に入れる法　清水克彦／和田秀樹
335 NPOという生き方　島田 恒
380 貧乏クジ世代　香山リカ
389 効果10倍の〈教える〉技術　吉田新一郎
396 われら戦後世代の「坂の上の雲」　寺島実郎
418 女性の品格　坂東眞理子
495 親の品格　坂東眞理子
504 生活保護vsワーキングプア　大山典宏
515 バカ親、バカ教師にもほどがある
藤原和博／［聞き手］川端裕人
522 プロ法律家のクレーマー対応術　横山雅文
537 ネットいじめ　荻上チキ
546 本質を見抜く力――環境・食料・エネルギー
養老孟司／竹村公太郎
558 若者が3年で辞めない会社の法則　本田有明
561 日本人はなぜ環境問題にだまされるのか　武田邦彦
569 高齢者医療難民　吉岡 充／村上正泰
570 地球の目線　竹村真一
577 読まない力　養老孟司
586 理系バカと文系バカ　竹内 薫［著］／嵯峨野功一［構成］
602 「勉強しろ」と言わずに子供を勉強させる法　小林公夫
618 世界一幸福な国デンマークの暮らし方　千葉忠夫
621 コミュニケーション力を引き出す　平田オリザ／蓮行
629 テレビは見てはいけない　苫米地英人
632 あの演説はなぜ人を動かしたのか　川上徹也
633 医療崩壊の真犯人　村上正泰
641 マグネシウム文明論　矢部 孝／山路達也
642 数字のウソを見破る　中原英臣／佐川 峻
648 7割は課長にさえなれません　城 繁幸
651 平気で冤罪をつくる人たち　井上 薫
675 中学受験に合格する子の親がしていること　小林公夫
678 世代間格差ってなんだ
城 繁幸／小黒一正／高橋亮平
681 スウェーデンはなぜ強いのか　北岡孝義
692 女性の幸福［仕事編］　坂東眞理子
694 就活のしきたり　石渡嶺司

706 日本はスウェーデンになるべきか　高岡　望
720 格差と貧困のないデンマーク　千葉忠夫
739 20代からはじめる社会貢献　小暮真久
741 本物の医師になれる人、なれない人　小林公夫
751 日本人として読んでおきたい保守の名著　潮　匡人
753 日本人の心はなぜ強かったのか　齋藤　孝
764 地産地消のエネルギー革命　黒岩祐治
766 やすらかな死を迎えるためにしておくべきこと　大野竜三
769 学者になるか、起業家になるか　城戸淳二／坂本桂一
780 幸せな小国オランダの智慧　紺野　登
783 原発「危険神話」の崩壊　池田信夫
786 新聞・テレビはなぜ平気で「ウソ」をつくのか　上杉　隆
789 「勉強しろ」と言わずに子供を勉強させる言葉　小林公夫
792 「日本」を捨てよ　苫米地英人
798 日本人の美徳を育てた「修身」の教科書　金谷俊一郎
816 なぜ風が吹くと電車は止まるのか　梅原　淳
817 迷い婚と悟り婚　島田雅彦
819 日本のリアル　養老孟司
823 となりの闇社会　一橋文哉
828 ハッカーの手口　岡嶋裕史
829 頼れない国でどう生きようか　加藤嘉一／古市憲寿
830 感情労働シンドローム　岸本裕紀子
831 原発難民　烏賀陽弘道
839 50歳からの孤独と結婚　金澤　匠
840 日本の怖い数字　佐藤　拓
847 子どもの問題　いかに解決するか　岡田尊司／魚住絹代
854 女子校力　杉浦由美子
857 大津中2いじめ自殺　共同通信大阪社会部
858 中学受験に失敗しない　高濱正伸
866 40歳以上はもういらない　田原総一朗
869 若者の取扱説明書　齋藤　孝
870 しなやかな仕事術　林　文子
872 この国はなぜ被害者を守らないのか　川田龍平
875 コンクリート崩壊　溝渕利明
879 原発の正しい「やめさせ方」　石川和男
883 子供のための苦手科目克服法　小林公夫
888 日本人はいつ日本が好きになったのか　竹田恒泰
896 著作権法がソーシャルメディアを殺す　城所岩生
897 生活保護vs子どもの貧困　大山典宏
909 じつは「おもてなし」がなっていない日本のホテル　桐山秀樹
915 覚えるだけの勉強をやめれば劇的に頭がよくなる　小川仁志
919 ウェブとはすなわち現実世界の未来図である　小林弘人
923 世界「比較貧困学」入門　石井光太

935 絶望のテレビ報道　安倍宏行
941 ゆとり世代の愛国心　税所篤快
950 僕たちは就職しなくてもいいのかもしれない　岡田斗司夫 FRREex
962 英語もできないノースキルの文系は
これからどうすべきか　大石哲之
963 エボラvs人類 終わりなき戦い　岡田晴恵
969 進化する中国系犯罪集団　一橋文哉
974 ナショナリズムをとことん考えてみたら　春香クリスティーン
978 東京劣化　松谷明彦
981 世界に嗤われる日本の原発戦略　高嶋哲夫
987 量子コンピューターが本当にすごい　竹内 薫[構成]／丸山篤史
994 文系の壁　養老孟司

[経済・経営]

078 アダム・スミスの誤算　佐伯啓思
079 ケインズの予言　佐伯啓思
187 働くひとのためのキャリア・デザイン　金井壽宏
379 なぜトヨタは人を育てるのがうまいのか　若松義人
450 トヨタの上司は現場で何を伝えているのか　若松義人
526 トヨタの社員は机で仕事をしない　若松義人
543 ハイエク 知識社会の自由主義　池田信夫
587 微分・積分を知らずに経営を語るな　内山 力
594 新しい資本主義　原 丈人
603 凡人が一流になるルール　齋藤 孝
620 自分らしいキャリアのつくり方　高橋俊介
645 型破りのコーチング　平尾誠二／金井壽宏
710 お金の流れが変わった！　大前研一
750 大災害の経済学　林 敏彦
752 日本企業にいま大切なこと　野中郁次郎／遠藤 功
775 なぜ韓国企業は世界で勝てるのか　金 美徳
778 課長になれない人の特徴　内山 力
790 一生食べられる働き方　村上憲郎
806 一億人に伝えたい働き方　鶴岡弘之
818 若者、バカ者、よそ者　真壁昭夫
852 ドラッカーとオーケストラの組織論　山岸淳子
863 預けたお金が紙くずになる　津田倫男
871 確率を知らずに計画を立てるな　内山 力
882 成長戦略のまやかし　小幡 績
887 そして日本経済が世界の希望になる
ポール・クルーグマン[著]／山形浩生[監修・解説]／大野和基[訳]

892 知の最先端 クレイトン・クリステンセンほか［著］／大野和基［インタビュー・編］
901 ホワイト企業 高橋俊介
908 インフレどころか世界はデフレで蘇る 中原圭介
926 抗がん剤が効く人、効かない人 長尾和宏
932 なぜローカル経済から日本は甦るのか 冨山和彦
958 ケインズの逆襲、ハイエクの慧眼 松尾 匡
973 ネオアベノミクスの論点 若田部昌澄
980 三越伊勢丹 ブランドの神髄 大西 洋
984 逆流するグローバリズム 竹森俊平
985 新しいグローバルビジネスの教科書 山田英二

［政治・外交］

318・319 憲法で読むアメリカ史（上・下） 阿川尚之
326 イギリスの情報外交 小谷 賢
413 歴代総理の通信簿 八幡和郎
426 日本人としてこれだけは知っておきたいこと 中西輝政
631 地方議員 佐々木信夫
644 誰も書けなかった国会議員の話 川田龍平
667 アメリカが日本を捨てるとき 古森義久
686 アメリカ・イラン開戦前夜 宮田 律
688 真の保守とは何か 岡崎久彦
729 国家の存亡 関岡英之
745 官僚の責任 古賀茂明
746 ほんとうは強い日本 田母神俊雄
795 防衛戦略とは何か 西村繁樹
807 ほんとうは危ない日本 田母神俊雄
826 迫りくる日中冷戦の時代 中西輝政
841 日本の「情報と外交」 孫崎 享
874 憲法問題 伊藤 真
881 官房長官を見れば政権の実力がわかる 菊池正史
891 利権の復活 古賀茂明
893 語られざる中国の結末 宮家邦彦
898 なぜ中国から離れると日本はうまくいくのか 石 平
920 テレビが伝えない憲法の話 木村草太
931 中国の大問題 丹羽宇一郎
954 哀しき半島国家 韓国の結末 宮家邦彦
964 中国外交の大失敗 中西輝政
965 アメリカはイスラム国に勝てない 宮田 律
967 新・台湾の主張 李 登輝
972 安倍政権は本当に強いのか 御厨 貴
979 なぜ中国は覇権の妄想をやめられないのか 石 平
982 戦後リベラルの終焉 池田信夫
986 こんなに脆い中国共産党 日暮高則

934 世界遺産にされて富士山は泣いている　野口　健
936 山折哲雄の新・四国遍路　山折哲雄
948 新・世界三大料理
神山典士［著］／中村勝宏、山本豊、辻芳樹［監修］
971 中国人はつらいよ――その悲惨と悦楽　大木　康

［**心理・精神医学**］

053 カウンセリング心理学入門　國分康孝
065 社会的ひきこもり　斎藤　環
103 生きていくことの意味　諸富祥彦
111 「うつ」を治す　大野　裕
171 学ぶ意欲の心理学　市川伸一
196 〈自己愛〉と〈依存〉の精神分析　和田秀樹
304 パーソナリティ障害　岡田尊司
364 子どもの「心の病」を知る　岡田尊司
381 言いたいことが言えない人　加藤諦三
453 だれにでも「いい顔」をしてしまう人　加藤諦三
487 なぜ自信が持てないのか　根本橘夫
534 「私はうつ」と言いたがる人たち　香山リカ
550 「うつ」になりやすい人　加藤諦三
583 だましの手口　西田公昭
627 音に色が見える世界　岩崎純一
680 だれとも打ち解けられない人　加藤諦三
695 大人のための精神分析入門　妙木浩之
697 統合失調症　岡田尊司
701 絶対に影響力のある言葉　伊東　明
703 ゲームキャラしか愛せない脳　正高信男
724 真面目なのに生きるのが辛い人　加藤諦三
730 記憶の整理術　榎本博明
796 老後のイライラを捨てる技術　保坂　隆
799 動物に「うつ」はあるのか　加藤忠史
803 困難を乗り越える力　蝦名玲子
825 事故がなくならない理由《わけ》　芳賀　繁
862 働く人のための精神医学　岡田尊司
867 「自分はこんなもんじゃない」の心理　榎本博明
895 他人を攻撃せずにはいられない人　片田珠美
910 がんばっているのに愛されない人　加藤諦三
918 「うつ」だと感じたら他人に甘えなさい　和田秀樹
942 話が長くなるお年寄りには理由《わけ》がある　増井幸恵
952 プライドが高くて迷惑な人　片田珠美
956 最新版「うつ」を治す　大野　裕
977 悩まずにはいられない人　加藤諦三
992 高学歴なのになぜ人とうまくいかないのか　加藤俊徳

653 筋《すじ》を通せば道は開ける　齋藤 孝
657 駅弁と歴史を楽しむ旅　金谷俊一郎
671 晩節を汚さない生き方　鷲田小彌太
699 采配力《さいはいりょく》　川淵三郎
700 プロ弁護士の処世術　矢部正秋
726 最強の中国占星法　東海林秀樹
736 他人と比べずに生きるには　高田明和
742 みっともない老い方　川北義則
763 気にしない技術　香山リカ
772 人に認められなくてもいい　勢古浩爾
811 悩みを「力」に変える100の言葉　植西 聰
814 老いの災厄　鈴木健二
822 あなたのお金はどこに消えた?　本田 健
827 直感力　羽生善治
859 みっともないお金の使い方　川北義則
873 死後のプロデュース　金子稚子
885 年金に頼らない生き方　布施克彦
900 相続はふつうの家庭が一番もめる　曽根恵子
930 新版 親ができるのは「ほんの少しばかり」のこと　山田太一
938 東大卒プロゲーマー　ときど
946 残業代がなくなる　海老原嗣生
960 10年たっても色褪せない旅の書き方　轡田隆史
966 オーシャントラウトと塩昆布　和久田哲也

［知的技術］

003 知性の磨きかた　林 望
025 ツキの法則　谷岡一郎
112 大人のための勉強法　和田秀樹
180 伝わる・揺さぶる! 文章を書く　山田ズーニー
203 上達の法則　岡本浩一
305 頭がいい人、悪い人の話し方　樋口裕一
351 頭がいい人、悪い人の〈言い訳〉術　樋口裕一
390 頭がいい人、悪い人の〈口ぐせ〉　樋口裕一
399 ラクして成果が上がる理系的仕事術　鎌田浩毅
404 「場の空気」が読める人、読めない人　福田 健
438 プロ弁護士の思考術　矢部正秋
573 1分で大切なことを伝える技術　齋藤 孝
605 1分間をムダにしない技術　和田秀樹
626 "口ベタ"でもうまく伝わる話し方　永崎一則
646 世界を知る力　寺島実郎
666 自慢がうまい人ほど成功する　樋口裕一
673 本番に強い脳と心のつくり方　苫米地英人
683 飛行機の操縦　坂井優基
717 プロアナウンサーの「伝える技術」　石川 顕

718 必ず覚える！1分間アウトプット勉強法　齋藤 孝
728 論理的な伝え方を身につける　内山 力
732 うまく話せなくても生きていく方法　梶原しげる
733 超訳 マキャヴェリの言葉　本郷陽二
747 相手に9割しゃべらせる質問術　おちまさと
749 世界を知る力 日本創生編　寺島実郎
762 人を動かす対話術　岡田尊司
768 東大に合格する記憶術　宮口公寿
805 使える！「孫子の兵法」　齋藤 孝
810 とっさのひと言で心に刺さるコメント術　おちまさと
821 30秒で人を動かす話し方　岩田公雄
835 世界一のサービス　下野隆祥
838 瞬間の記憶力　楠木早紀
846 幸福になる「脳の使い方」　茂木健一郎
851 いい文章には型がある　吉岡友治
853 三週間で自分が変わる文字の書き方　菊地克仁
876 京大理系教授の伝える技術　鎌田浩毅
878 [実践] 小説教室　根本昌夫
886 クイズ王の「超効率」勉強法　日髙大介
899 脳を活かす伝え方、聞き方　茂木健一郎
929 人生にとって意味のある勉強法　隂山英男
933 すぐに使える！頭がいい人の話し方　齋藤 孝
944 日本人が一生使える勉強法　竹田恒泰
983 辞書編纂者の、日本語を使いこなす技術　飯間浩明

[自然・生命]

208 火山はすごい　鎌田浩毅
299 脳死・臓器移植の本当の話　小松美彦
659 ブレイクスルーの科学者たち　竹内 薫
777 どうして時間は「流れる」のか　二間瀬敏史
797 次に来る自然災害　鎌田浩毅
808 資源がわかればエネルギー問題が見える　鎌田浩毅
812 太平洋のレアアース泥が日本を救う　加藤泰浩
833 地震予報　串田嘉男
907 越境する大気汚染　畠山史郎
917 植物は人類最強の相棒である　田中 修
927 数学は世界をこう見る　小島寛之
928 クラゲ 世にも美しい浮遊生活　村上龍男／下村 脩
940 高校生が感動した物理の授業　為近和彦
970 毒があるのになぜ食べられるのか　船山信次